자연을 품은 나의 집 만들기
자연과 하나가 되다

최승복

다니북스

추천의 글
아름다운 집에 깃든 인문의 정신

고현숙 국민대 교수, 코칭경영원 대표코치

우리는 아름다운 집을 소망한다. 낡은 한옥을 리모델링한 과정을 담은 이 책은 아름다운 집이란 무엇인지에 대한 영감을 준다. 집이란 하나의 개체로 존재하지만 동시에 주위의 모든 자연과 연결되어 풍경을 완성하는 연결체이다. 한옥을 리모델링하여 살고 싶고 누리고 싶은 집을 만들어낸 저자는 집 공간에 대한 큰 구상과 함께, 세부적으로 실현해 나가는 노하우와 프로세스를 이 책에 친절하게 소개하고 있다.

이 책을 보면서 건축이 왜 인문정신을 구현하는 것인지를 깨닫게 된다. 사계절의 하늘처럼 모든 자연 풍광과 어우러짐에 대한 고려, 공간에서 자라거나 거쳐가는 다양한 식물 등 생명에 대한 관심과 존중, 창호부터 파사드에 이르는 세밀한 건축요소들에 대한 미적 감각, 시간에 따라 변화하는 것에 대한 개별적인 눈길이 모두 여기 녹아져 있다. 하나의 공간이 만들어지는 데 인간성과 아름다움이 어떻게 표현될 수 있는지 방법과 지혜가 담겨 있는 책이다.

우리 모두가 소망하는 집을 가질 수는 없을지 모른다. 하지만 자연을 담은 집 건축을 소개한 이 책을 읽으면서 새로운 영감을 얻고 안목을 갖게 된다. 공간과 인문에 관심을 지닌 많은 독자들에게 추천 드린다.

디자인을 시작하며

어느 날 문득 자연이 주는 따뜻함에 잠이 깨어 디자인을 시작합니다. 낡은 기와와 오래되고 보잘것없는 작은 정원을 보고 디자인을 해 보기로 했습니다. 지난 세월동안 스쳐갔던 디자인들을 회상하며 사진과 스케치를 하나씩 하나씩 꺼내보며 한 번 더 진한 감성을 느껴봅니다.

오래된 기와와 허물어져 가는 담장 하나도 자연을 느끼게 하는 또 하나의 선물입니다. 봄, 여름, 가을, 겨울 사계절의 아름다움은 물론 시시각각 변화하는 자연을 한 번에 포옹하기에는 그리 쉽지 않습니다. 입구에서 담장을 따라 하나씩 하나씩 느껴가며, 앞마당 조경 속으로 들어가면 어느새 흔들리는 대나무의 바람까지도 느낄 수 있습니다. 수년간의 번민과 시련 속 새로이 만들어진 자연이 살며시 다가와 이야기를 시작합니다.

변화와 시련 속에서 자연 속 주택은 더욱더 강하게 느껴집니다. 아마도 그건 오로지 자연만을 느낄 수 있도록 외로워 보이기도 단조로워 보이기도 하지만 항상 진정한 삶의 자세를 보여줍니다. 자연의 변화무쌍함과 늠름함, 바람에 흔들림 없는 오래된 기와집, 자연 속 다정다감한 삶의 진솔함, 이 모든 것들이 자연과 사람이 함께 만들어 가는, 하나가 되어 가는 것임에 틀림이 없습니다.

사람들에게 자연이 말하듯이 문득 따뜻한 자연의 선물을 공간 안에 담아 보아야겠다는 생각이 들었습니다. 마음을 따뜻하게 해줄 수 있는 디자인 여행을. 자연을 갈망하는, 자연과 더불어 살아가려는, 이 세상에 따뜻한 마음을 지니고 있는 모든 이들이 더 따뜻한 마음을 가질 수 있도록, 함께 만들어 가는 자연을 만들기로 했습니다.

재민하다디자인의 최재민님, 하원씨앤씨의 최석주님과 김종화님, 디자인 뜰앤숲의 김재화님, 기장화원의 유수철님, 조각가 도태근님, 박주현님, 이상진님, 홍종혁님, 한국화가 서은경님, 인문학적인 감성을 주신 김라연 교수님, 회룡마을 이장 정동진님, 자연속 한옥을 품도록 기도해 주신 천수암의 도산스님 등 자연을 사랑하는 아름다운 분들이 서로서로 자연의 진솔한 감정들을 이야기하며 하나씩 하나씩 만들어 가기로 했습니다.

자연이 주는 아름다운 마음에 감사하며 자연을 바라보며 디자인을 시작해 봅니다.

2022. 2. 8
회룡길 9-14 에서

차례

1. 자연과 주택에 대한 이야기 013
컨셉 스토리 014
현황 조사하기 016

2. 기초 디자인하기 025
주변 환경을 고려한 디자인계획 030
주변의 모든 자연이 공간의 배경 031
주변 환경과 서로 대화하는 디자인 033

3. 디자인하기 037
컨셉 디자인 038
외부 디자인 (Design Case) 041
  1) 기와 042
  2) 서까래 043
  3) 기와와 커튼 월 044
  4) 나무와 폴리카보네이트 046
  5) 부드러운 격자의 투명함 속 밤나무의 은은함 048
  6) 보이지 않는 정문 048
  7) 유리와 폴리카보네이트 050
  8) 징크와 폴리카보네이트 050
  9) 기와와 목재와의 중첩 051
  10) 외부와 내부를 이어주는 창호 053

11) 처마 아래 숨겨진 벽면   054

12) 복합형 파사드   055

13) 대문에 담긴 기하학   056

14) 철 주물 풍경   057

내부 디자인 (Design Case)   058

1) 조망과 전망의 연출   059

2) 프라이빗 공간의 연출   065

3) 전통 공간 속 대화   070

4) 식당 속 또 하나의 거실   074

5) 서까래 간접 조명 아래 아일랜드 주방   076

6) 협소한 공간을 다양하게 활용하고 기능적으로 연출   077

7) 따뜻한 빛의 디자인   078

8) 바람의 공간   079

9) 옛것의 아름다움   081

10) 공간 속 스토리텔링   082

디테일 디자인 (Design Case)   083

1) 바라보는 즐거움의 액자형 창호   084

2) 깊이를 만드는 간접 조명   085

3) 오래되어서 아름다운 기둥   088

4) 살이 없어도 담백한 전통문   090

5) 지켜야하는 원목의 미   091

6) 기능에 따라 조절하는 패밀리 다이닝   092

7) 바람으로 쾌적함을 만드는 실링팬   095

    8) 동양적 은근함을 지닌 조명의 힘　095

    9) 공간에 느낌을 더하는 하늘창　097

    10) 바람에 움직이는 모빌　101

    11) 빈티지 사기 애자　101

    12) 주소 판 디자인　102

조경 디자인 (Design Case)　103

    1) 자연형 정원과 시스템　104

    2) 컨셉이 있는 정원 만들기　105

    3) 연못과 스테이지 데크　106

    4) 생각하는 정원 만들기　108

    5) 리드미컬한 데크 디자인　109

    6) 자연을 이어주는 돌담　110

    7) 석재 조경 디자인　111

    8) 정원 속 조명의 연출　112

    9) 돌아가며 향기 나는 계단　113

    10) 멋스러운 난간 조경　114

    11) 돌과 꽃과 나비　116

    12) 개성 있는 새집 만들기　117

    13) 또 하나의 공간　119

    14) 화덕과 아궁이 이야기　120

    15) 막아주며 연결하는 캐노피　122

4. 외부공사   125

석면철거   126
1) 석면조사비용   127
2) 폐기물처리비용   127
3) 농도측정비용   127
4) 감리비용   127

건물 내·외부 철거   129

기와 보수   132
1) 상부 기와 보수   134
2) 누수 방수 시트 공사   136
3) 하부 서까래와 회벽 보수   137

설비   141

건물 내부 구조 보강   145

커튼 월 공법   148

바닥   152

외장   159
1) 하지 각 파이프 설치   160
2) 상하바 설치(싱글벽체)   160
3) 폴리 연결관   160
4) 코너바 설치   160
5) 상하 보강바 설치   160
6) 창호 주위 상하바 주바와 보강바 설치   161

　　　　7) 패널 재단 및 벤틸레이션 테이프 부착　161
　　　　8) 패널 끼우기　161
　　　　9) 상하 가스켓 마감바 설치　161

　　축사　162

5. 내부공사　169

　　기초　170
　　설비　172
　　창호, 목공, 전기　175
　　　　1) 임시전기 사용신청하기　179
　　　　2) 벽체 기초공사 단계　180
　　　　3) 배관공사 단계　182
　　　　4) 내부 전등전열 입선 작업　183
　　　　5) 계약전력 사용신청　183

　　타일, 바닥, 도배 (도장)　184
　　가구, 조명　186

6. 조경　189

　　기존 조경 정리하기　190
　　조경 디자인하기　197
　　컨셉 스토리　198
　　　　1) 주변의 컨텍스트 활용　199

　　　　2) 자연 조경 이야기　204
　　　　3) 식재 디자인을 위한 세 가지 TIP　208

　　조경 공사하기　209
　　　　1) 생태연못　209
　　　　2) 식재조경Ⅰ　219
　　　　3) 식재조경Ⅱ　238
　　　　4) 전기 및 기타　243

7. 정원 디자인　251

　　정원 이해하기　252
　　　　1) 주변 환경과의 교감　252
　　　　2) 자연과 사계절의 변화를 생각　253

　　정원 설계하기　254
　　　　1) 주제의 선정과 표현　258
　　　　2) 정원 속의 조형　260
　　　　3) 공간 속의 조형과 연출　262
　　　　4) 다양한 재료의 활용　268
　　　　5) 재료와 소재의 연출　269

마치면서　274
작가 작품　276
참고문헌　282

1
자연과 주택에 대한 이야기

주택과 자연조경의 조합에 있어서 인공의 건축물과 자연이
서로 대화하고 소통하는 디자인의 방향이 매우 중요하다.
건축물은 물의 가장자리에 위치하여 주변을 바라볼 수 있다.
마치 물의 소리를 들을 수 있는 공간으로 자연과 건축물 사이에 위치하며
항상 연결해 주는 여유의 공간임이 틀림없다.
자연을 극복하거나 이용함이 아닌 동등한 대화의 상대로서 이해하려 해야 한다.
잠시 비가 오면 넘치기도 하고 움푹 패어서 꽃과 생물들의
새로운 자연의 보금자리가 되는 것처럼
자연과 주택은 서로 이어주고 연결하는 관계이다.

컨셉 스토리 Concept Story

현대식 기와집의 조형과 어울리는 건축조경 설계

커튼 월룩(Curtain Wall) + 옛 고풍이 살아있는 전통기와 + 자연친화적 재료

전통 건축의 기법을 단순하게 바라보는 것에서 벗어나 자연을 대하는 성숙한 전통 건축의 모습으로서 존경해야 한다. 공사비와 유지 관리비용을 고려하는 현대의 건축처럼 그 시대 한옥의 재료와 자연적 기능을 함께 고려하여야 한다. 그 시대의 기술과 재료를 최대한 적용한 것이 지나면 또 하나의 전통이 되는 것처럼.

자연에서 바라보는 건축의 모습도 중요하겠지만 안에서 밖을 바라보는 관점도 중요하다. 공간 내부에서 자연의 촉감, 냄새, 감성의 잔향 같은 느낌을 전달 받을 수 있도록 사용자의 시점을 여러 각도에서 생각하면서 디자인해야 한다.

자연을 품은 나의 집 만들기

현황 조사하기

리모델링이나 재건축, 대수선의 경우 기존 가옥의 특징은 물론 세부적인 구조의 검토가 반드시 고려되어야 한다. 자연의 지형을 유지하여 설계를 할 경우, 최대한 주어진 환경을 이용하여 디자인을 할 경우, 주어진 환경의 고려가 가장 우선시 되어야 한다. 특히 보존 가치, 자연과의 조화는 사라져 가는 전통은 물론 문화의 요소를 함께 유지할 수 있는 특별한 기회적 요소이기도 하다.

예를 들어 옛것. 오래된 것을 그대로 보존하기 위해 투명 재료의 유리로 기와를 덮기. 돌담장 조경 등은 보존 가치에서 매우 중요한 요소이다. 자연과의 조화적 요소는 유리창 프레임 디자인. 유리 천장 디자인을 이용한 자연을 조망할 수 있는 공간 조성, 생태 연못 조경, 뒤뜰의 갈대 조경 등이 '자연을 품은 집 만들기'의 대표적인 예시라 할 수 있다.

자연을 품은 나의 집 만들기

전체적인 리모델링의 방향 검토

기와의 보수 및 방수관련 조사

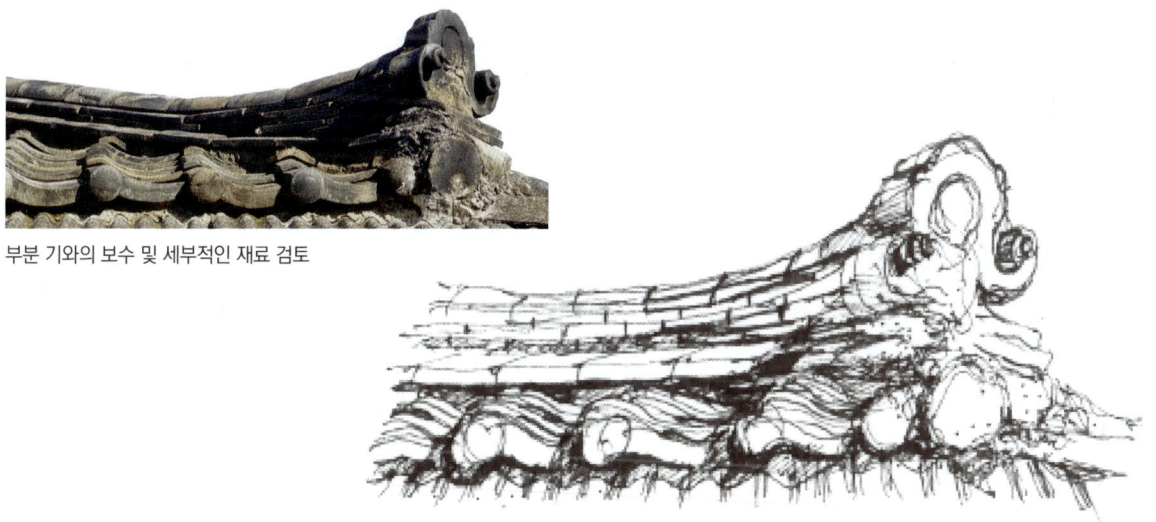

부분 기와의 보수 및 세부적인 재료 검토

자연을 품은 나의 집 만들기

전체적인 리모델링의 방향을 설정 시, 투박하고 정리 안 된 부분을 자연스럽게 살려보고 일정 부분 천정을 열어봐서 정리하고 자연 조경을 최대한 살려서 주변 자연환경과 어울릴 수 있는 기본 방향을 설정한다.

특히, 외부의 안전 보호가 요구되는 석면의 경우 위험도가 매우 높고 전문적인 기술이 요구되어 지자체와 협의해서 진행하여야 한다. 석면 조사 및 시공 업체는 지자체에 등록한 전문 업체에 위탁하여야 하며, 석면 조사비용과 철거 비용은 별도로 산출되며 철거 비용은 면적에 비례하여 산출된다.

내부 대수선의 구조 및 공간 설계

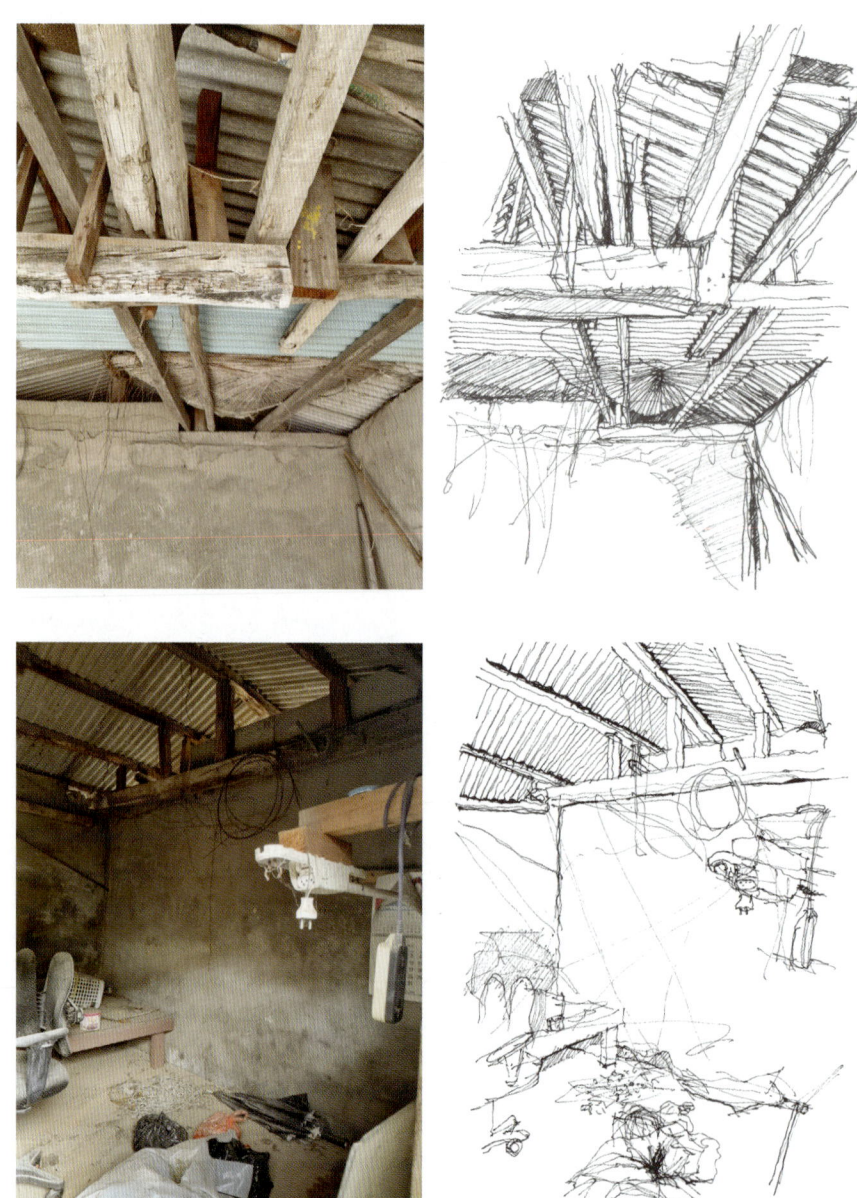

부설 축사 공간의 디자인 방향

기존 건축적 환경과 새로운 자연의 도입

2
기초 디자인하기

기존 건축은 전통 건축인 한옥의 목구조 방식으로 구축된 건물로
나무와 흙, 돌, 종이와 같은 자연재료와
온돌과 마루가 결합되어 있는 공간이다.
한옥의 특징인 전통적인 건축양식은
자연과의 조화로움이 깃들어져 주변 오래된
전면부의 정원과 후면의 수목 정원으로 연결되어 있다.
수년간의 변화와 함께해 온 자연 재료들이 사용되어
억지스럽지 않고 소박한
한옥의 풍미를 지니고 있다.

마당의 경우, 안마당과 뒷마당으로 구분이 되는데 뒷마당은 집 밖의 담에 둘러싸여 개방된 공간이지만 앞마당의 경우 밖에서 볼 수 없게 되어 폐쇄적이다. 하지만 앞마당은 집 밖과 단절되었을 뿐 집안에서 외부로 조망하고 소통하는 공간으로 생활공간의 연장이 되는 공간이다.

이 가옥의 특징은 큰 단면을 가진 보가 부재의 휘는 힘을 흡수한다. 기둥에 전달되는 힘을 감소시키는 구조 역학적으로 유리한 방식을 가지고 있다. 이에 따라 비교적 가느다란 기둥이 사용되었으며 기둥이 차지하는 면적이 줄어 공간의 구성과 이용목적에서 유리한 미학을 가지고 있다.

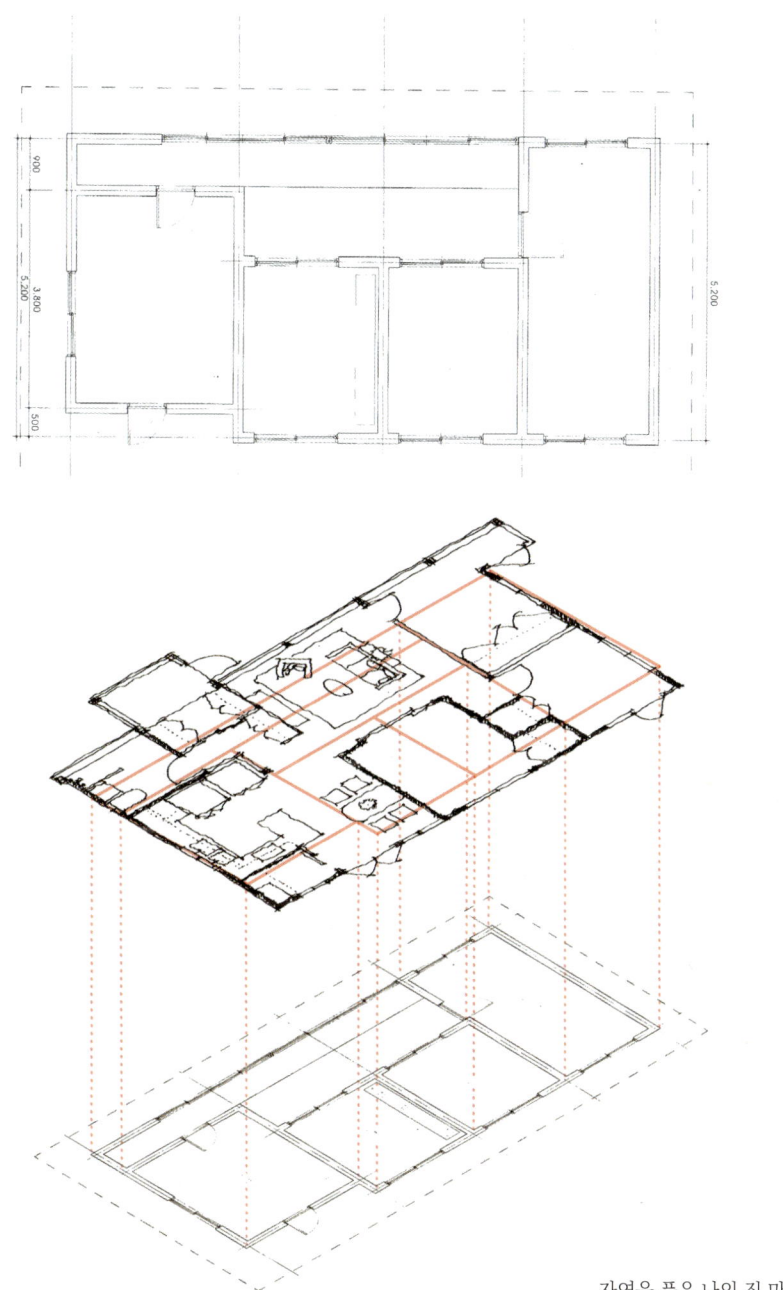

자연을 품은 나의 집 만들기

한국 고유의 목구조 방식으로 건축된 건축물로 건축 성능을 향상시키기 위해 현대의 기술과 자재를 사용하여 자연과 조화로운 신개념의 현대적 건축을 디자인한다. 남향의 방위 전면 축을 기본으로 각 공간의 방향, 공간별 일조량과 조망권(각 실의 조망권을 고려한 평면 배치 및 창문 계획), 풍향(주택의 자연환기, 통풍의 중요성)을 고려하여 각 공간을 설계한다. 한옥에 구조와 한옥의 멋은 그대로 살리면서 툇마루를 기준으로 침실, 화장실, 주방 공간이 연결되어 전면과 후면의 조망으로 연결시킨다. 전면과 후면을 확장하여 각 공간이 충분히 현대적 공간으로 재생될 수 있는 환경을 고려하며 기존 한옥이 가지는 공간의 확장성을 최대한 활용한다. 특히 기존 한옥이 지니는 구조적, 재료적 특징을 최대한 반영하여 현대적 공간으로 재생산한다.

한옥이 지니는 단순한 선들을 중심으로 외관을 구성하며 현대적인 투명성, 그리고 자연의 아름다운 4계절의 의미를 배려하여 디자인한다. 한옥의 아름다움인 지붕, 외벽 등의 곡선과 현대 건축의 특징인 직선의 조화와 투명성이 더해져 아름다운 한옥의 입면이 만들어진다. 특히 서까래와 격자도어 등 한옥의 선을 이루는 부재들은 쓰임새에 부합되는 자연스러운 형상을 그대로 드러냄으로써 현대 한옥의 부드럽고 자연스러운 아름다움을 가지게 한다.

현대적 한옥의 아름다움은 절대적인 미보다는 공간의 구성, 구조, 재료가 갖는 체험적이며 자연적인 미에 기초를 둔다. 또한 불필요한 장식이 없는 절제미는 그대로 살리고 외부로부터 자연을 조망하여 자연의 다양함과 소박함의 풍미를 느끼도록 한다. 외양의 꾸밈보다는 현대의 투명한 재료를 통한 실내외의 공간과 자연의 조화, 그리고 친자연적인 나무와 현대적 공간과의 소통을 통한 신 한국적인 유가 미학의 아이디어를 제시한다

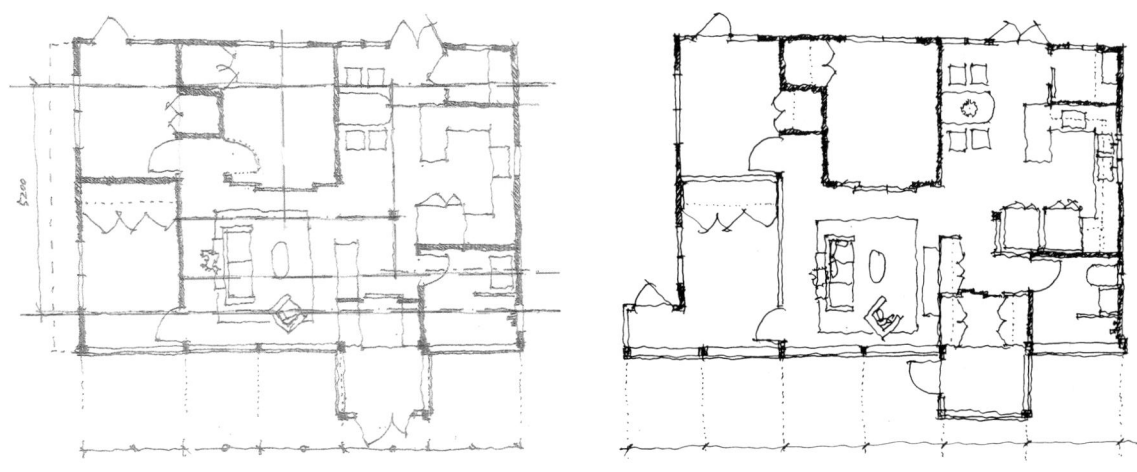
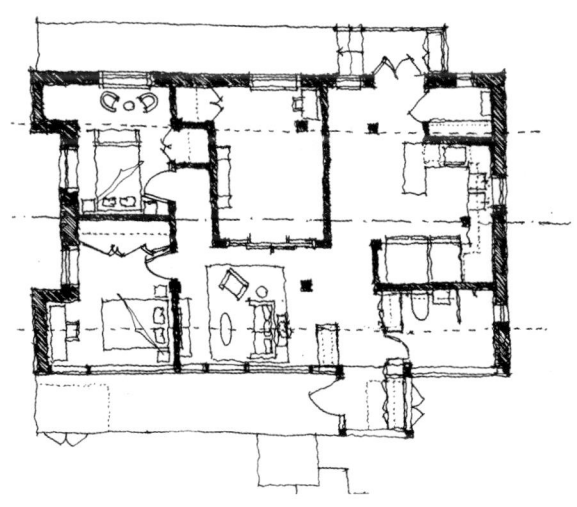

주변 환경을 고려한 디자인계획

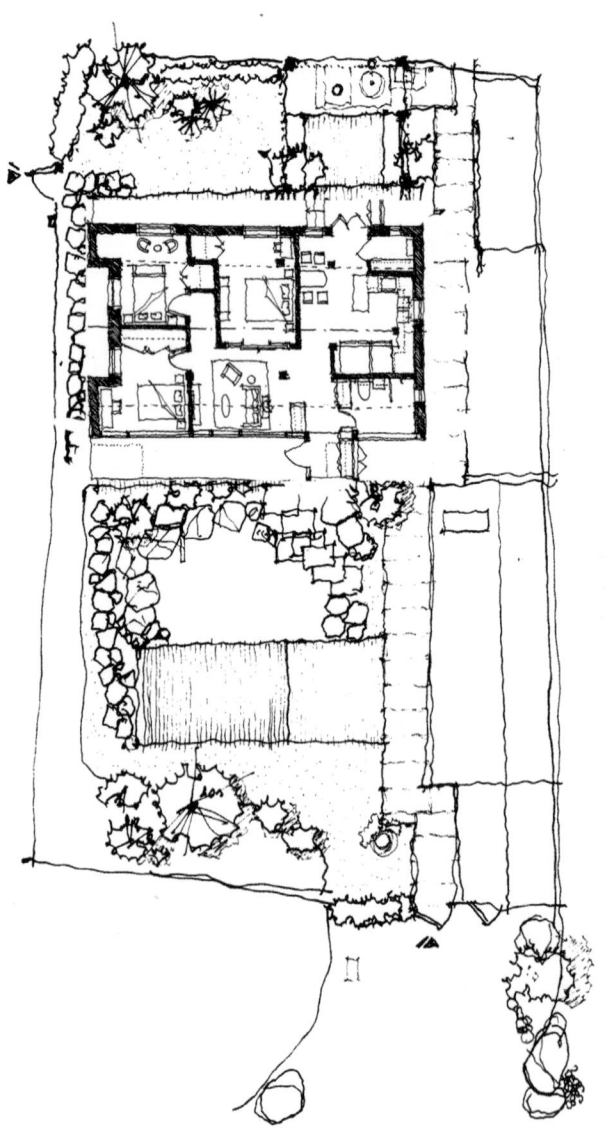

어떠한 환경이든 그 위치가 가지고 있는 독특한 구성의 컨텍스트가 있다. 공간 디자인은 주변 환경을 고려하여 또 하나의 새로운 경관을 만들어 내는 작업이다.

자연 속에 존재하는 경관을 존중하며 건축물과의 새로운 조화를 만들어 가는 과정인 샘이다.

존재하는 자연이 지니고 있는 규칙과 그 지역이 가지고 있는 아이덴티티를 찾아 조화롭게 최적의 공간을 만들어야 한다.

기다란 입구를 지나면 마치 길게 뻗어진 지형이 보인다. 앞, 뒤를 향해 넓게 트인 담장이 나타난다. 기와 너머로 저 멀리 산 정상이 보인다. 이처럼, 각각의 특징이 있는 자연환경이 배경이 되고 있다. 전면의 푸른 하늘 아래 돌담과 뒷면의 풍성한 산등성이가 공간의 특성을 잘 살려내고 있다.

주변의 모든 자연이 공간의 배경

자연을 품은 나의 집 만들기

전면의 오래된 담장과 돌담 위에 모든 생명들도, 뒷마당의 오래된 감나무와 넝쿨식물도, 오래되어 폐가가 되어버린 축사도, 심지어 새롭게 만들어진 콘크리트 벽면과 오래된 이끼들까지도 다양한 자연 속 공간의 풍광이 된다.

그 앞에 새로이 펼쳐지는 석조경 사이의 연못과 낮은 돌담 위의 다양한 사계절 꽃들도 이 공간의 무대이자 배경이다.

주변 환경과 서로 대화하는 디자인

기와에서 정원 아래로 연못을, 위로는 높고 높은 하늘을, 옆으로는 작은 대나무 숲길을, 뒤로는 아담한 들꽃정원과 이야기할 수 있다. 주변의 자연을 실내의 각 공간과 연계하여 소통을 시키는 것이 무엇보다도 중요하다.

자연을 품은 나의 집 만들기

브리지 역할의 발코니와 데크가 공간과 공간을 연결해 주며 실내에서는 마치 액자에 담긴 풍경의 사진들을 감상할 수 있다. 유리를 통해 보이는 친근한 배롱나무와 눈높이를 만들어 주는 남천과 같이 실내에서 감상하는 풍경 요소로 차경하면 자연환경에 둘러싸인 여유로운 시간을 만들 수 있다.

3
디자인하기

컨셉 디자인

외부 디자인

내부 디자인

디테일 디자인

조경 디자인

컨셉 디자인 Concept Design

한옥과 현대 미학이 공존하는 공간

정원에 사계절의 꽃들이 표현하는 한 폭의 그림을 만든다. 한옥의 기와와 투명 폴리카보네이트의 벽체는 어떤 모습이 될까. 기장군 일광면 회룡길 9-14 '미소가(微笑家)'는 새로운 트렌드 중 하나의 단서가 될 만한 건축물이다. 오래된 기와집과 축사를 새 보금자리로 지어진 이 건물은 한옥의 정서를 살려 앞뒤의 작은 생태 정원을 두고, 바깥 경치를 끌어들이는 차경(借景) 공간도 큼직큼직하게 마련한다.

관념적 전통지상주의는 아니다. 햇빛을 가려 줄 천정 창과 앞뒤 전경을 다른 의도의 모습으로 보기 위한 창호를 설치하면서 태양의 움직임을 면밀하게 그리고 전경을 최적화하여 최적의 프레임을 찾고자 한다.

"주변 환경이 가진 특징과 유기적으로 소통할 때 미적 공간이 서서히 모습을 드러낸다." 자연 숲에서 시작한 줄기가 근처까지 내려오고 달음산이 멀리 보인다. 한옥의 툇마루 같은 발코니와 테라스는 거실 속에 묻혀 있다.

걸음걸음마다 계절의 운치와 생기 있는 연못의 자연 속 감성이 더하는 정원 풍경. 인상주의 화가의 풍경화를 화폭에 옮긴 듯, 사계절의 자연 속 풍경이 정원에 그려내어진다. 바닥 조경 석을 따라 걸어가는 동선, 그리고 안마당 주변에 인상주의 어느 화가의 정원을 넘어 뒷마당 달음산의 진경산수 배경으로 향하는 길까지. 곧게 내지 않고 자연스럽게 물 흐르듯 이어지는 정원 길을 오솔길 걷듯 따라가다 보면 한 폭의 산수화 속으로 들어온 듯 느껴진다. 자연의 조화로움은 물론 영속성을 고려한 디자이너의 섬세한 마음과 미적 감흥이 느껴지는 정원이다.

화산 석과 사계절의 꽃들이 만발하고 다양한 이끼, 화초로 자연스럽게 연출한 생태 연못 정원. 우리 정서와 가장 닮은 '진경산수' 정원이 탄생하게 된다. 화산 석들이 만나 자연스럽게 생성된 바위 공간 사이로 타고 떨어지는 폭포수, 피어나는 물안개, 이끼가 낀 돌, 꽃들이 함께하는 자연 그대로의 일상이 오래된 기와 공간 주변으로 펼쳐진다. 잠시 따뜻한 차 한 잔과 연못 속 벗은 발을 바라보며 지그시 눈 감고 햇살을 느껴보면 자연의 신비로움을 탐험하게 된다.

전통 처마 기와 아래 연못 주변 화산 석과 사계절을 고려한 식재, 떨어지는 물소리. 있는 그대로의 자연의 모습을 위해 세심하게 어루만진 디자이너의 손길로 재탄생한 자연 공간은 옛날 그 자리에 있었던 듯 과거에서 현재 그리고 미래를 향해 마당 안에 자리한다.

외부 디자인 Design Case

1) 기와
2) 서까래
3) 기와와 커튼 월
4) 나무와 폴리카보네이트
5) 부드러운 격자의 투명함 속 밤나무의 은은함
6) 보이지 않는 정문
7) 유리와 폴리카보네이트
8) 징크와 폴리카보네이트
9) 기와와 목재와의 중첩
10) 외부와 내부를 이어주는 창호
11) 처마 아래 숨겨진 벽면
12) 복합형 파사드
13) 대문에 담긴 기하학
14) 철 주물 풍경

1) 기와

기와지붕의 보수는 상부 기와, 방수공사 그리고 지붕을 받쳐주는 하부 서까래를 함께 보수해 줘야 한다. 방수를 위해 기와를 철거 후, 합판으로 보수 후, 누수 방수시트를 시공한 후, 다시 기와를 재설치하는 공법이 많이 활용된다.

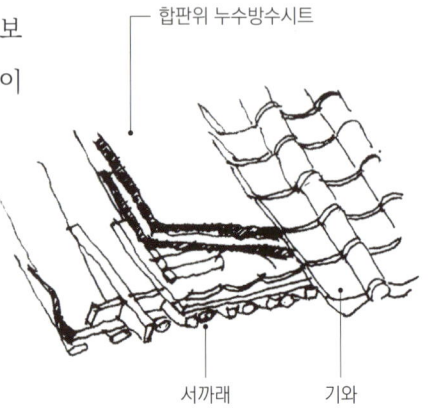

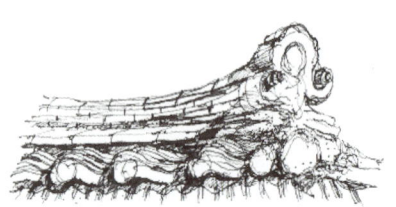

용마루에까지 이어진 판 기와의 꼭대기 부위에 용마루 착고를 맞추어 판 기와에 고정시킨다. 오래된 용마루를 기존 기와에서 분리하여 새로운 용마루로 교체한다. 오래된 기와지붕의 재료 및 보존 상태를 확인해야 한다. 주재료는 기와와 진흙, 석회이고, 특히, 몸통 부분의 재료는 친환경 그대로의 기와와 진흙이다. 기와의 외관을 보면, 담장의 구조적 안정성에 영향을 미칠 수 있는 생물학적 파티나와 식물은 이끼와 더불어 자연의 오랜 세월의 아름다움 그 자체를 보여주기도 한다.

기와 위의 오래된 이끼가 함께 어우러지는 경우, 기와는 오래된 이끼의 향기에 취하고 기와 위에 와송(瓦松)을 만든다. 기와 위의 소나무라고 불리는 와송(瓦松)은 노화와 심장질환·동맥경화·당뇨병 등 각종 질환의 원인이 되는 활성산소를 효과적으로 없애는 작용을 한다. 와송이 만들어지기를 기원하며 기와지붕을 완성한다.

2) 서까래

서까래의 보수는 하부 목 작업을 보수하는 전문가의 손길이 필요하다. 서까래의 상태를 살펴보니 목재가 오래되어 틀어지고 부식되어 지붕의 하중을 고려하여 보수와 교체가 동시에 필요하다. 서까래와 외벽 보수공사는 건조시키고 다시 샌딩 하기를 여러 번 반복해서 완전히 건조 시켜야 한다. 최종 서까래를 샌딩 한 후 도장하는 작업이 진행된다. 천장 서까래를 노출

하고 회벽 미장을 할 경우 전통 한옥의 아름다움을 느낄 수 있다. 처마 아래 가만히 앉아 있으려니 지나간 세월의 흔적이 그대로 느껴진다.

3) 기와와 커튼 월

건물 외관에 있어서 창호의 형태와 디자인은 주변 재료와 어떻게 조화로운지에 따라 많은 차이가 있다. 창호 디자인은 재료의 특성을 고려하여 적합한 디테일의 선택도 중요하다. 주변의 컨텍스트에 디자인이 충돌되거나 어울리지 않으면 서로 조화롭지 않을 수 있는데 주변 환경을 살리기 위해서 샤시 프레임이 들어나지 않도록 하는 것도 좋은 방법이다.

차분한 기와의 선들과 중첩된 모습을 마치 유리만이 떠받는 듯한 느낌도 그리 나쁘지는 않다. 건물의 무게감을 덜어 주거나 건물의 외피에 부드러운 느낌을 선사할 수 있다. 특징이 있는 기와의 외관에 소재감이 있는 투

금속이나 알루미늄 샤시가 외부 유리 안쪽으로 깊이감 있게 감춰지고 유리는 전체 외부를 감싸 안듯이 마감하여 전경의 면이 하나의 통일감을 만들어 낸다.
이 경우 건물의 외부 모습이 유리 특유의 투명함과 일체감을 살려 매우 견고하며 인상이 강조되는 것이 특징이다.

유리에 반사된 자연전경과 하늘 연못이 함께 어우러져서 기와 아래로 펼쳐지는 느낌이 연상된다.

글라스만으로 구성된 전면과 투명 폴리 카보네이트가 감싸는 목재의 디자인이 투명함의 연속성을 주며 개방적인 인상을 준다. 기와 처마 아래에 깔끔한 유리 상자와도 같은 인상을 준다. 목조의 측면, 전면을 노출시키지 않고 코너링한 방식이다.

샤시의 프레임을 유리 안쪽으로 감춰주는 방식의 디자인은 건물의 파사드에 하부의 투명함이 구름 아래의 기와를 떠받는 듯한 심플하고 모던한 디자인의 방향을 제시해 준다.

외부로부터 파사드의 연결 형태가 보이지 않고 입구를 좌측으로 돌려서 가볍고 경쾌한 커튼 월의 형태를 유지하여 미니멀한 느낌을 준다.

내부에서도 유리와 프레임의 색을 동일시 하여 하나의 정돈된 인상을 준다. 진한 밤나무 목재가 전면 유리의 색과 조화롭게 연결되어 하나의 플랫(Flat)한 파사드가 만들어진다.

자연을 품은 나의 집 만들기

명 유리를 길게 부착함으로써 콘트라스트(Contrast)가 강한 인상적인 파사드(Facade)가 만들어진다.

전통적인 재료와 현대적인 재료의 강한 물성을 혼합할 때 재료적인 조화가 우선되어야 한다. 전통적인 재료인 기와의 단백하고 우아함과 현대적인 재료인 유리의 견고하며 투명함은 공간의 확장성은 물론 독특한 분위기를 선사한다. 예를 들어 「전통 기와와 현대적 투명 재료인 유리의 혼합」, 「전면유리를 통한 실내에서 외부로의 시야 확보」 등은 공간의 확장성을 보여준다. 마치 유리가 기와를 혹은 기와가 유리 위를 넘어가는 형상이다. 정원이 반사된 전면의 유리는 고요함과 편안함을 더하고, 고즈넉한 구름을 향해 나아가는 기와는 순수함과 긴장감을 연출한다.

4) 나무와 폴리카보네이트

외장 노출 마감이며 반투명 파형의 이중 더블 렉산을 옛 기와에 적용한 형태이다. 베니어합판과 하지 목대 구성으로 이중 더블 렉산을 취부한 형태이다. 하지 목대와 내부 합판을 시공한 후 이중 더블 복층 렉산을 내부 합판에 고정하면서 내부의 목재가 은근히 비치는 형태를 선보인다. 마치 안개가 서린 에칭 유리를 보는듯한 느낌이 들며 은은한 빛이 집안 공간으로 비치게 하는 느낌이다.

또한 지붕 구조를 지탱하지는 않지만, 옛 기와의 골조를 그대로 노출한 서까래 천장 구성과 함께 이색적 느낌을 만든다.

바라보는 방향에 따라 반사되는 빛의 각도는 속 재료의 깊이 감을 더해준다. 비가 오는 날에 투영함 속에 물방울이 옹기종기 맺혀있다. 색상과 나무의 결을 잘 표현하기 위해서는 빛의 반사나 이미지 등을 현장에서 직접 확인해 가면서 결정하는 것이 좋다. 주변 환경과 동시에 조화를 이루는 것이 매우 중요하다. 비가 한 방울 떨어지기 시작하면, 공기 중에 가득 품고 있던 수증기가 투명 골대 사이사이 맺히며 속에 품은 나무의 향기를 전달하려 한다.

목재와 폴리카보네이트 사이의 구조적 거리에 따라 재료의 그림자 형태와 표현이 결정되기도 한다. 이를 위해서는 각각의 재료에 대한 특성을 고려하고 상세한 사이즈를 고려하여 선택해야함은 물론이고 적절한 시공법을 최대한 살려야 한다.

간격은 촘촘하며 중첩된 격자들의 혼합이 목재위로 은근한 빛을 발산한다. 가볍고 경쾌한 리드믹컬한 인상이 목재 사이사이의 음영으로 표현된다.

목재는 시간의 추이에 따라 조금씩 어두어지며 오래될수록 빈티지 한 느낌이 만들어진다. 이처럼 건물 외형의 섬세함과 세밀한 형태의 표현은 다양한 재료를 통하여 표현되어 진다.

자연을 품은 나의 집 만들기

5) 부드러운 격자의 투명함 속 밤나무의 은은함

한국적인 은은함과 은근함은 현대적인 투명 재료와도 조화롭게 표현이 가능하다. 목재를 이용한 외벽에 특수 도료를 활용하여 다양한 목재의 질감을 표현할 수 있다. 원목 느낌의 목재 위에 투명 소재의 폴리카보네이트 복층 구조가 만나서 기와 아래 전통가옥 특유의 옛 모습이 연결된다. 도시에서도 목재의 느낌을 건물 외벽에 살리고자 하는 경우가 많은데 목재의 특성을 고려하여 나무에서 느낄 수 있는 자연의 깊이 감을 잘 표현하여야 한다.

6) 보이지 않는 정문

바위를 열 듯 비스듬히 길이 열리는 공간이 있다. 정문을 정면으로 하지 않고 옆으로 두었다. 전면 유리의 부드러운 연결도 기와와의 일체감을 위한 것이지만, 단순히 외부를 위한 것만은 아니다.

때로는 돌아서 가는 길이 지름길일 때가 있다. 직선보다 곡선이 가까울 수 있는 것도 자연과 사람 그리고 사람과 사람 사이가 자연과 함께 있어서인지 모른다. 만리향의 꽃향기를 맡고 잠시 쉬어 돌아가는 계단도 좋다. 달빛 은은한 가을밤, 은목서 향에 취해 정원을 거닐어 본다. 살랑살랑 불어 흔들리는 잎새의 모습에 잠시, 달빛 안고 피어난 황금빛 만리향에 취하기도 한다.

내부와 외부 모두 목재로 마감하였다. 목재의 색감은 시간이 지나감에 따라 그 깊이 감을 더해가지만 조금씩 회갈색으로 변화하여 때로는 오래된 옛 빈티지함도 만들어준다.

자연을 품은 나의 집 만들기

7) 유리와 폴리카보네이트

유리와 폴리카보네이트의 조합은 외관을 섬세하면서도 세심한 연출을 할 수 있다. 투명 폴리카보네이트 속 스트라이프 형태의 무늬는 가볍고 경쾌한 인상을 주며 벽면을 더 높게 보이게 하는 효과가 있다. 유리를 통해 보이는 강화 유리의 고급스럽고 호화로운 분위기는 자연 풍경을 전면의 유리와 함께 온화하고 정적인 동양적 모습을 자아낸다.

8) 징크와 폴리카보네이트

징크는 아연 성분을 함유하여, 뛰어난 내부식성의 특징을 갖고 있어서 장시간 이상의 수명을 유지할 수 있다. 징크는 시공 방식에 따라 건축의 외관을 다르게 만들기도 한다. 이러한 징크 지붕재의 디자인은 모던한 느낌을 주며 일자 형태의 균일함을 이루고 있는 것이 대부분으로 가공성이 매우 높다. 주택의 유지 관리 비용을 낮추는 것도 매우 중요한 전략이기도 하다.

투명 폴리 카보네이트의 입체적인 형태를 연결할 수 있고 동시에 단정하고 샤프한 아름다움을 만들 수 있다. 징크의 절곡되고 휘어진 부분이 만들어 내는 음영은 투명 폴리 카보네이트 끝부분에 어두운 음영을 만들어 내고 표면에 단아한 조형 작품을 만들기도 한다. 벽면의 마감을 연결하거나 고정하는 방법도 다양하게 소개되어 있다. 특히 기능성을 고려하여 디자인의 의도를 가장 잘 표현할 수 있는 방법을 연구해야 함은 물론 조형적 아름다움에 대한 표현의 연구도 중요하다.

9) 기와와 목재와의 중첩

서로 다른 형태와 재질을 가진 두 개의 형태가 하나가 되어 건물 외부의 중첩된 볼륨감을 보여준다. 기와와 목재와의 중첩된 볼륨감은 다양한 얼굴의 표현 방법으로 나타난다. 전체적인 인상에 있어서 악센트의 효과도 부여한다. 각각 다른 형태가 서로 만나는 부분에서는 반드시 새로운 디테일이 필요하며 중첩된 사이사이의 디자인이 매우 중요하다. 각각의 형태들은 주와 부를 고려하거나 혹은 우선적 재료를 고려할 때 역시 외관의 조화를 고려해야 한다.

예를 들어 목재의 서까래가 콘크리트나 무거운 재질 사이를 나오기보다 동일 재료의 목재 합판 사이로 연결되어 가볍고 경쾌한 이미지를 줄 수 있다. 마치 서로 다른 두 개의 형태가 중첩되어 있는 듯한 조화로운 인상을 줄 수 있다. 기와 처마의 아름다움을 살리기 위해 처마 아래 톱 라이트의 기능이나 월워셔 라잇(Wall-washer Light)을 고려하여 살아있는 듯 생생한 벽면을 구성할 수 있다. 한옥의 백미, 오래된 한옥, 고택의 아름다움은 검은 색의 산뜻한 기와와 살굿빛 빛바랜 목재의 모습에 함께 녹아 있다.

10) 외부와 내부를 이어주는 창호

기와 아래 처마의 끝에 빗물이 벽을 타지 않도록 빗물받이의 설치가 필요하다. 기능을 유지하면서도 마감의 자연스러운 연결 부분이 매우 중요하다. 외벽의 빗물받이는 최대한 낮은 곳에 설치하여 벽면 내부로 들어오지 않도록 건물의 기초 높이의 조절도 필요하다. 건물의 외부를 아름답게 디자인하기 위해서는 처마 끝에서 빗물받이까지 디테일을 심플하게 지면까지 연속적으로 연결된 일체형의 디자인이 우선이다.

서까래의 하중과 휘어짐이 생긴 부분도 금속이 지탱할 수 있다. 금속의 연결 부분이 충분한 강도에 이겨낼 수 있으며 단정하고 깔끔해 보이는 디테일을 만들 수 있다.

처마의 방향으로 방사형으로 뻗어 나온 서까래의 원목 끝 부분에 금속으로 연결 시킨다. 샤시와 서까래가 만나는 부분이 부드럽게 연결 되도록 한다.

11) 처마 아래 숨겨진 벽면

기와의 색감과 외벽 목재와의 조화를 고려하여 흙돌담의 예스러운 느낌의 색감을 만들어 본다. 하단의 노출 콘크리트 표면에 발수제를 스며들도록 하여 노출 콘크리트를 보존할 수 있다. 광촉매 도료를 사용할 경우 표면에 얇은 막이 형성되어 공기 정화 작용은 물론 클리닝의 효과도 있다.

처마가 만들어 내는 음영이 단아하며 깊은 여운을 만들어 준다. 처마를 올려다보면 자연의 온아함을 실감할 수 있다. 창호 사이로 새어 나오는 불빛이 처마를 살며시 받치며 은은한 빛의 향연을 만들어 주면 밤의 인상적인 풍경이 만들어진다. 기와와 처마가 만들어 주는 편안하고 기분 좋은 빛과 그림자의 디자인을 고려하는 것 역시 생각만 해도 즐겁다. 이끼 사이사이 느린 오죽(烏竹)의 향기를 맡으며 돌 위를 걷는 것 또한 즐겁다.

12) 복합형 파사드

건물 외관에 있어서 파사드의 형태와 디자인은 주변 재료와 어떻게 조화로운지에 따라 많은 차이가 있다. 파사드 디자인은 재료의 특성을 고려하여 주변의 컨텍스트에 조화로울 수 있는 마감 선택이 중요하다. 서로 다른 형태나 재료를 혼합할 경우, 각 재료의 특성을 고려하여 각자의 역할에 충실함과 동시에 함께 조화될 수 있도록 세심한 주의가 필요하며 이러한 방향은 파사드의 디자인에 있어서 매우 중요한 사항이다.

입구와 개구부의 디자인이 전체 파사드에 매우 중요한 부분이며 목재를 덮은 투명 폴리 카보네이트가 하나의 정돈된 인상을 만들어 준다.

축사 천장에 중첩되고 고즈넉한
고목들의 선들이
마치 유리 안에 숨은 듯한 느낌이 든다.
투명 폴리 카보네이트는 건물의 무게감을
덜어 주거나 건물의 외피에
부드럽고 반사된 분위기를 만들 수 있다.

진한 밤나무 목재가 전면 파사드의
매인 형태이지만 오래된 축사 천정의
골조가 상부 노출된 유리를 통해서
옛정취의 모습을 자아낸다.
밤나무와 고목들이 조화롭게 연결되어
하나의 통일감 있는 파사드가 만들어진다.

가려진 목재위로 간격은 촘촘하며 중첩된
투명 격자들의 혼합이 빛의 반사를 만들어
은근함을 표현한다.
목재 사이사이로 그리고 유리 전창에
담백하고 밝은 하늘의 이미지가 반사되어
음영으로 표현된다.

13) 대문에 담긴 기하학

자연환경과 잘 어울리는 자연 친화적 나뭇가지의 디자인을 형상화하여 맑고 깨끗한 느낌과 어울리게 백색으로 칠을 한다. 철주물도어[1]는 염분 섞인 바닷바람이 불어와도 아름다운 색상을 유지하도록 액체 도장은 필수이다.

나무의 기하학적인 형상을 철주물도어의 배경으로 디자인하는 것도 그리 나쁘지는 않다. 주변의 쥐똥나무가 자연스럽게 연결되고 축사외벽의 목재와도 연결이 가능하다.

나무를 형상화한 회화의 작품이 연상되기도 한다. 몬드리안의 작품 [꽃이 피는 사과나무(1912년作)]에서 나무를 검은 선의 조합으로 묘사했다. 단순하게 관찰하는 것은 물론, 선과 선이 이뤄 나무를 격자무늬로 표현했다. 나무인지도 알아볼 수 없을 정도로 가는 선으로 추상적인 가로선과 세로선, 격자무늬를 표현했는데 나무의 형상이 그립기도 하다.

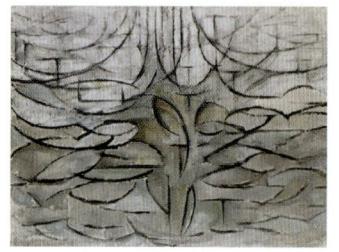

주1) 삼성 마이홈 디자인 및 제작

비가 내린 후 사이사이 맺혀진 물방울이 마치 나무의 형상을 더 풍성하게 한다. 자연 속 기하학은 어쩌면 바쁜 하루하루를 살아가고 있는 현대인들에게도 필요한 것 같다.

14) 철 주물 풍경

산짐승들이 쇳소리를 싫어하는 습성을 이용해 풍경을 설치했다는 이야기도 있다. 풍경은 건물의 모퉁이에 달려 바람에 의해 울리게 되면 숲을 보듯 자연의 음악을 들을 수 있다. 일반적으로 풍경은 시어(詩語)로도 표현하기도 하지만 물고기가 몸을 흔들면서 내는 풍경소리는 우리의 마음을 치유하는 데도 한몫하리라 생각한다.

비 오는 날, 처마 아래의 맑고 시린 풍경소리를 들으면 마음이 차분해진다. 굳이 살랑대는 봄바람이 아니라도 단순한 형상으로 처마 끝에 매달린 풍경은 자유로이 움직이며 소리를 만들기 시작한다. 저 멀리 산등성이 아래로 햇살이 곱게 떨어지면 바람소리도 풍경소리도 그저 고요히 놓여 있는 듯 보이는 모든 것들이 아름다울 뿐이다

내부 디자인 Design Case

1) 조망과 전망의 연출
2) 프라이빗 공간의 연출
3) 전통 공간 속 대화
4) 식당 속 또 하나의 거실
5) 서까래 간접 조명 아래 아일랜드 주방
6) 협소한 공간을 다양하게 활용하고 기능적으로 연출
7) 따뜻한 빛의 디자인
8) 바람의 공간
9) 옛것의 아름다움
10) 공간 속 스토리텔링

1) 조망과 전망의 연출

전망을 감상할 수 있는 넓은 창

오래된 한옥의 주요 특징인 처마 아래의 온화함과 툇마루의 조망 그리고 건물 내부로 들어오는 실루엣 등에서 일반 주택에서 느낄 수 없는 매력적인 공간을 체험할 수 있다. 도심 속 작은 자연을 연출하기 위해서는 건축물과 주변 컨텍스트와의 자연스러운 연결은 물론 내부와 외부의 관계성을 어떻게 디자인하느냐가 매우 중요하다.

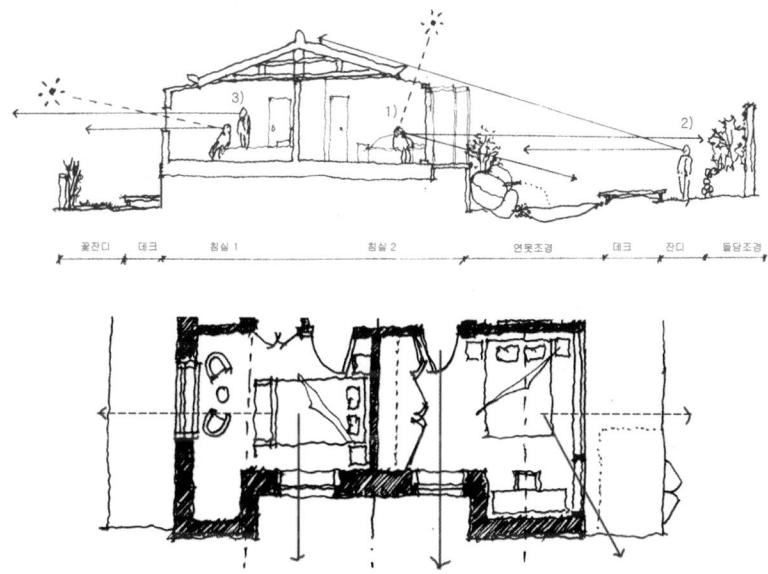

전체 오픈 창호를 활용한 4계절의 전망 공간

가로로 길게 이어지는 발코니와 전통 서까래 처마 끝의 수평라인은 자연스럽게 자연 조경의 새로운 차경을 담게 한다. 이러한 수평라인은 층높이를 달리한 경사에 대비되어, 넓은 창밖의 풍경에 차분하고 편안한 분위기를

연출시킨다. 잠시 바라보면, 공간 가장 깊은 곳에 시간이 멈춘 듯 심연에 가라앉아 있는 공간이 만들어진다.

눈앞에 펼쳐지는 4계절 꽃향기와 파노라마 전망

이런저런 역사적 의미나 건축적 결과물을 떠나, 길옆 들꽃처럼 피어난 공간이다. 시간의 거센 파도에도 묵묵히 단단한 껍질을 두르고 버티며 수십 년 동안 전해지는 정신과 이야기를 담고 있는 공간이기도 하다. 꽃들과 볕이 어우러지는 마당의 정감어린 풍경이 차곡차곡 쌓아 올린 돌담 주변을 풍성하게 채운다. 처마 끝에 비 오는 소리와 계절이 스쳐 가는 소리가 걸리고, 바람과 햇살이 소리 없이 드나들면, 시간을 두고 돌과 꽃들이 우정을 쌓기 시작한다. 의미 있게 덜어내고 비워내자 비로소 채워지는 더 맑고 새로운 것들에 관해 이야기하고 있다.

높낮이의 차를 이용하여 공간이 흐르듯 연결공간으로 연출

주방 바닥 면을 테라스 데크와 같은 높이로 맞춘다. 부드러운 연결감이 생겨 외부로 혹은 내부로의 확장감이 든다. 공간 내부에 실내 발코니와 같은 거실을 둔다. 시선이 밖으로 향하는 입구를 만들면 내외부의 부드러운 연결은 물론, 스케일의 변화를 체험할 수 있다. 문을 열면 문 하나에 양쪽의 감나무 두 그루가 담긴다.

상부 자연채광과 열린 하늘

서까래의 하단 부분과 연결된 하늘 창에 하늘 속 구름이 움직이기 시작한다. 점점 더 가까이 구름의 모습이 상부 전창을 통해 그대로 눈에 다가온다. 전면의 자연 조경과 함께 푸르른 하늘의 개방감과 신선함이 함께 어우러진다. 마당에 있는 백일홍 근처에서 들려오는 다정한 소리를 듣고 있으면, 돌담에 숨어 있었던 담담하고 평온하며 아름다운 사랑 이야기가 들리는 듯하다.

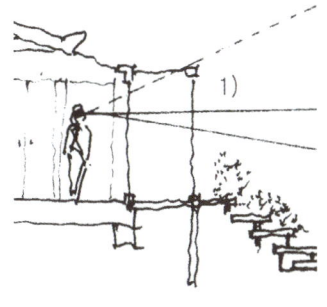

입구 현관　　데크　　계단

1) 연못 공간을 향해 건물의 전면에 통창을 설치하면, 먼 방향 각도로도 자연 연못 주변의 경치를 파노라마로 감상할 수 있다. 오색 향연 남천의 나뭇잎 사이사이로 연못 조경의 다채로움을 볼 수 있다. 상부 자연채광을 활용하여 자연스럽게 부드러운 빛이 내부로 유입하게 된다.

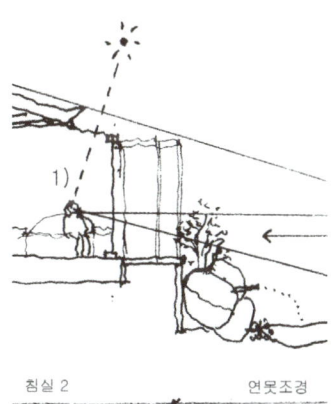

침실 2　　　　　연못조경

1) 특히 외부에서 내부가 보이지 않도록 반사 유리를 시공하고 상부 데크 주변에 허리 아래 정도의 수목을 조성하여 주택 내부가 보이지 않도록 프라이빗(Privet) 테라스도 연출할 수 있다.

자연을 품은 나의 집 만들기

액자가 만드는 풍경이다. 서있을 경우, 건물 뒤편에도 가로 방향으로 긴 수평 띠 창을 설치하여 담장을 가린 사철나무의 자연미와 마을 주변 전망을 이미지화하여 액자에 담는다. 앉아있을 경우, 탁 트인 마을 전망을 최대한 즐길 수 있으며 건너편 산과 스카이라인을 동시에 조망할 수 있다. 공간을 이동하며 바라보면 창호 프레임 안쪽으로 자연의 다양한 컨텍스트가 풍경 속에 녹아든다.

외부 공간을 연결하여 내부 공간으로 확장

외부 정원으로 액자형의 창호를 설치하여 뒷마당과의 조화를 이끌어내는 개방형의 디자인이다. 좁고 긴 복도를 지나 다이닝룸이 끝나는 지점에 작은 액자형 창을 만들어 갤러리의 공간으로 연출하고, 옆으로 탁 트인 전창

을 통해 전체 공간의 밝기를 조절한다. 미닫이 형태의 풀 오픈형 창호는 외부와 내부를 연결하는 브리지의 역할 외에도 변화하는 4계절, 최고의 전망을 제공한다.

2) 프라이빗 공간의 연출

오래된 집에서 느껴지는 한옥의 향수, 벽사이로 새어 나오는 흙벽 냄새, 매끈하면서 눅눅한 오래된 나무의 숨결, 틈으로 들어오는 바람의 소리, 햇살 가득한 마루에 살며시 누어있는 기둥의 그림자. 따사로운 햇빛아래 선명해지는 고목의 퍼지는 온기가 공간의 향기를 그려내고 있다.

1) 프라이빗 테라스에 접한 현관 아래로 만리향의 수목을 심어 계단 아래와 위로 통행 시 향기를 선사한다. 조경석과 수목에 가려진 계단 아래 잔디 정원이 새로이 펼쳐지고 저 멀리 담장 전면에 아이비 넝쿨이 배경이 되고 돌담 위로 사계절 꽃들이 아름답게 피고 진다.

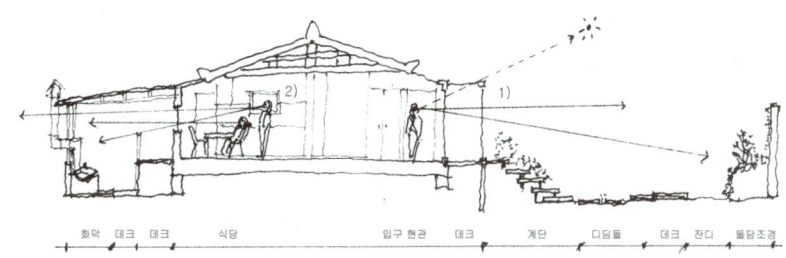

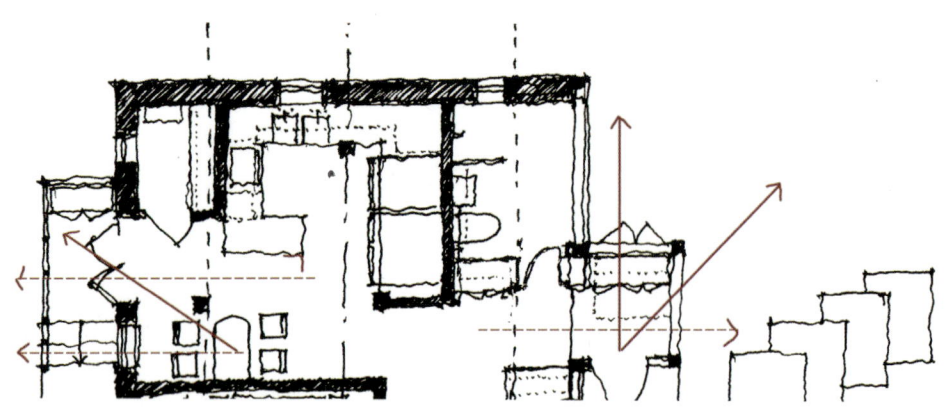

자연을 품은 나의 집 만들기

입구 천장의 전체를 톱 라이트로 활용한 현관 공간이며, 전면으로 빛의 유입이 실내 내부로 연결된다. 건물 전면의 상부에 유리를 설치하여 자연채광을 실내로 부드럽게 유입시켜 별도의 조명 없이도 맑은 하늘을 감상할 수 있으며, 밤에는 반짝이는 별을 관찰할 수 있다.

유리로 된 천장과 기와 처마 사이로 하늘이 그대로 연출되며, 시시각각 변화하는 하늘 속 구름의 모습을 감상할 수 있다. 하늘이 변화하는 색감을 항시 볼 수 있다. 열린 천정에서 우러나는 전통적 형태를 함께 볼 수도 있다. 유리 사이로 펼쳐지는 하늘의 시원함과 개방감을 원하는 만큼 내부 공간으로 끌어들일 수 있다.

상부 자연채광을 활용하여 자연스럽게 부드러운 빛을 침실 내부로 깊숙이 유입되게 한다. 빛은 유리와 수평의 선 위에서 더욱더 선명하게 느껴진다.

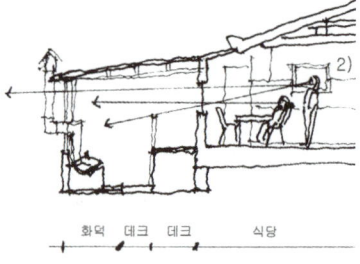

창호 속으로 저 멀리 산봉우리와 마을 전망이 조화롭게 펼쳐지기 시작하면 작은 석부작 하나가 내부로 들어온다. 서서 공간을 이동하면 창호 프레임 안쪽으로 뒤뜰 사철나무 아래에 있는 꽃잔디의 새싹들을 감상할 수 있다. 자연의 다양한 컨텍스트가 시시각각 풍경 속에 자연스럽게 녹아든다.

2) 식당과 주방에서 액자형 창을 설치한다. 연기 나는 아궁이와 화덕의 소박함과 마을 주변 전망을 동시에 액자에 담을 수 있다. 교감하고 온기를 나누는 공간으로 엄숙함과 평온함이 공존하며 그 평안함 속에 고귀함을 담고 있다.

외부와 내부의 자연스러운 연결

작은 숲으로 들어가는 공간이다. 전창의 미닫이문이 열리면 실내 공간이 외부로 연결되어 발코니 밖의 화덕과 아궁이가 저 멀리 운치 있는 산 앞에 위치한다.

3) 전통 공간 속 대화

재료, 형태, 공간 구성 모두가 지극히 간결하다. 어우러진 각각의 재료들이 선과 면으로, 또 기둥과 천장에서 본래의 질감과 색감을 충실히 드러내고 있다. 익숙한 짙은 먹색의 기와지붕과 처마선이 정적인 한지 벽면 위에 올려져 있어 선과 색이 상대적으로 더욱 역동적이다. 노출된 서까래와 들보, 가느다란 나무 사이사이 이겨져 있는 하얀 처마가 내부 공간으로 이어져 흐른다. 거친 질감 그대로 굳어 있는 서까래와 고목 특유의 세월 짙은 감각이 백색의 공간을 누르며 무게감을 더한다.

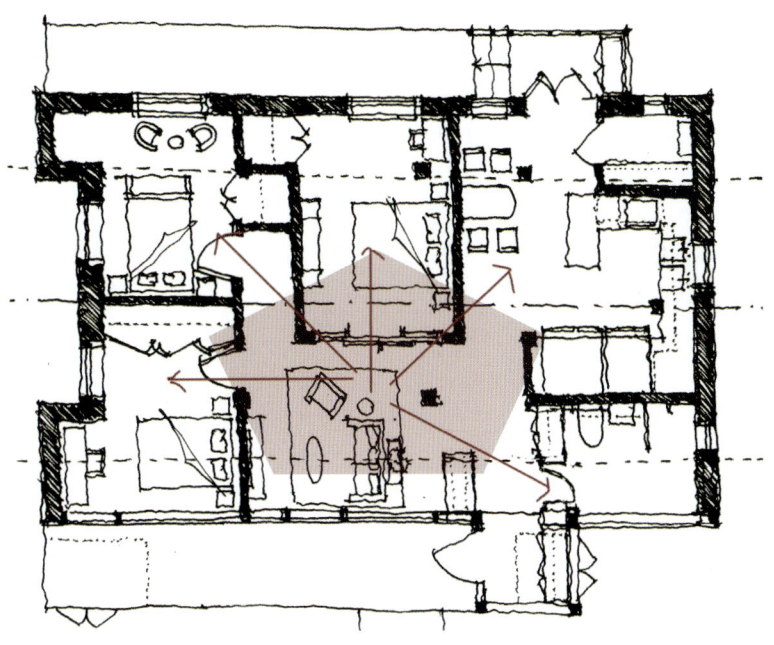

빠르게 변화하는 서구적 주거 공간에서 전통적 주거 공간의 아름다움을 느끼기에는 그리 쉽지 않다. 작은 건축 면적 속 공간의 효율을 극대화하기 위해서는 휴먼 스케일을 고려한 좁고 넓음, 낮고 높음, 막힘과 열림 등의 다양한 공간의 연출이 필요하다.

한옥은 지금까지 다양하고 변화무쌍하고 자유로운 형식으로 변화해 왔다. 가족과의 대화도 단절된 현대인들에게 한옥이 소통의 역할을 담당한다는 점 또한 흥미롭다. 한옥은 모든 방이 연결되어 있는 구조여서 소통의 단절과 우울증을 겪는 현대인에게 힐링 공간으로서 역할도 한다.

실내외의 경계를 모호하게 설정하여 연결성 강조

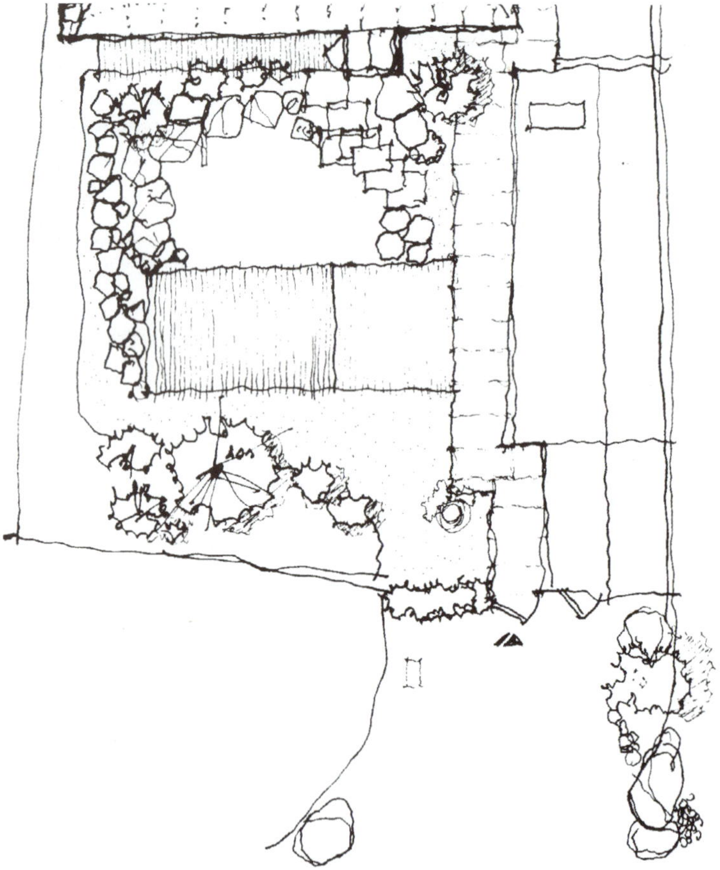

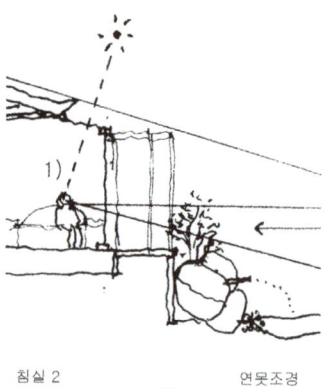

침실 2   연못조경

1) 안채의 누마루가 거실이 되어 두둥실 떠있다. 내부 거실에서 외부 데크, 테라스 정원까지 연결함으로써 실내와 실외를 하나의 이어진 공간처럼 연출한다. 모든 공간은 각기 독립적이면서 조용하지만 끊이지 않고 엮여져 있으며 여백으로 채워진 공간이다.

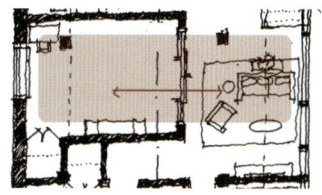

열려있는 마루

온돌이 추위에 적응하기 위하여 발달된 건축 요소라면, 마루는 더위에 적응하기 위하여 발달된 한옥의 건축 요소이며 현대의 거실 기능으로 변환되어 사용되고 있다. 마루는 바닥에서 떨어진 나무로 만든 공간이며, 바닥면의 습기가 닿지 않고 바람을 통하게 함으로써 쾌적한 여름을 보낼 수 있도록 했다. 또 마루는 여러 방을 연결하거나 물건을 보관하는 장소로도 이용된다. 이 공간에서는 마루를 거실로 확장하여 내부로 들였으며 여러 공간을 연결하는 패밀리 공간으로 디자인한다.

내부에서 또 다른 내부를 통한 자연스러운 연결

뒷마당의 풍경을 마음껏 즐길 수 있는 중간 거실의 공간. 다양한 시선은 메인 거실에서 중간 거실을 통해 야외 풍경으로 연결된다.

자연을 품은 나의 집 만들기

자연과의 조화

우리 조상들은 자연과의 조화를 최고의 이상으로 삼았으며, 따라서 한옥은 이를 반영하여 자연에 순응하여 계획되었다. 즉 한옥은 주위의 환경과 어울리도록 집의 좌향을 잡고 그곳에서 나오는 재료를 사용하여 그곳의 지세에 맞는 형태로 지어졌다. 이를 통해 한옥은 자연과 그 안에서 생활하는 인간이 하나가 되게 한다.

4) 식당 속 또 하나의 거실

동적이며 입체적인 공간, 다이닝룸이 집의 중심이 된다. 내구성이 뛰어난 식탁에서는 푸짐한 만찬도 즐길 수 있지만 다양한 용도로 사용 가능하다. 최근에는 여러 식구가 함께 식사도 하고, 숙제나 공예도 하는 등 다양한 활동을 할 수 있는 제2의 패밀리 공간으로 활용된다. 가변적으로 쉽게 확장할 수 있고, 연결 시 테이블 다리가 분리되지 않기 때문에 힘겹게 다리를 다시 붙일 필요도 없다.

혼자서 테이블 길이를 조절할 수 있으며, 다리가 항상 테이블 모서리에 있어서 의자를 위한 공간도 넉넉하다. 테이블에 최대 10인이 착석 가능하도

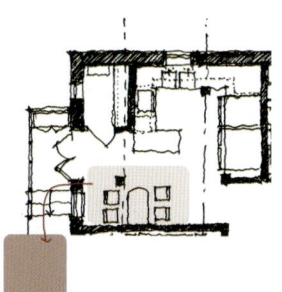

록 확장 이후 테이블 주변의 여유 공간과 착석에서 외부 경치의 뷰가 가능하도록 설계한다. 날씨가 화창한 날에는 외부 다이닝과 연계하여 가변적

인 다이닝의 공간을 만들 수 있다. 공간 안에서 각자의 목소리를 내면서 평화롭고 조화로운 진솔한 삶의 풍경을 만들어내는 일상복처럼 편안한 집이다.

5) 서까래 간접 조명 아래 아일랜드 주방

한옥은 꾸준히 진화하고 각 시대의 기후와 지역의 특성, 삶의 형식을 담아왔다. 수평으로 길게 뻗어진 기와 안채와 수직의 배롱나무, 쥐똥나무, 감나무와 어우러져 선의 의미를 보여준다. 경계를 알 수 없는 뒤뜰 정원이 자연을 품은 공간이다. 예로부터 식당과 주방은 교감하고 온기를 나누는 공간이기도 하다.

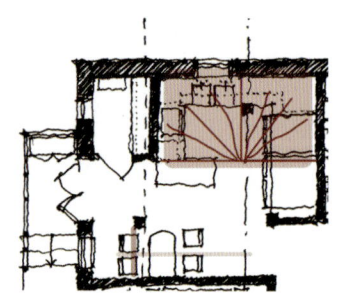

콤팩트 한 형태의 아일랜드 주방에서 손님을 대접하며 정원의 경치와 서까래 간접 조명의 은은함을 느낄 수 있다. 생활에 대한 애정과 삶에 대한 진지한 자세와 생각이 스며있는 공간이다. 기둥 위로 지나가는 대들보 위로 산뜻하고 부드러운 간접 조명 라인을 연출한다. 라인 조명은 천연 목재의 기둥, 한지 등 내부 재료에 부드러운 실루엣을 나타내어 마치 우리가 떠 있는 듯한 착시 현상을 일으킨다. 조명의 빛이 각기 다른 재질의 표면을 타고 은은하게 확산되는 듯한 느낌을 받는다.

벽채나 공간 안에 간접 조명을 설치할 경우 설치 공간에 대한 연구가 필요하다. 빛의 정밀한 형태를 표현하기 위해서는 전기 설비 업자와 설계부터 면밀하게 검토해야 하며 눈높이에 전선이 외부에 노출되지 않도록 주의해야 한다. 특히 다양한 특징을 가진 조명의 선택은 공간 속 마감뿐만 아니라 공간 내부 전체의 분위기를 더욱더 높일 수 있다.

주방 중심에는 주방과 식당 전체를 아우를 수 있는 아일랜드 주방이 있다. 아일랜드 주방은 식당 전체를 한눈에 바라보며 가족 구성원 간의 대화나 행동을 살피기 충분하다. 특히 아이들이 많은 가정에서는 매우 유용한 공간이다. 주방은 매우 빠르게 움직이는 다 기능적 공간이어서 자주 사용하는 물건에서 쉽게 모든 물품들을 이용할 수 있도록 합리적인 동선이 우선이다. 콤팩트한 공간으로 사용자의 편리성도 매우 중요하다. 최근에는 세탁실과 욕실이 함께 설계되어 주방의 기능이 지속적으로 업그레이드되어 가고 있다.

6) 협소한 공간을 다양하게 활용하고 기능적으로 연출

도심지 밀집지역의 경우 주택의 크기는 대지의 면적에 비례하여 짓는 경우가 많아 협소한 경우가 많다. 이렇게 협소한 공간의 경우 한정된 공간을 얼마만큼 다양하게 활용하고 기능적으로 연출하는 것이 매우 중요하다. 공간의 도입 부분인 입구, 거실과 주방이 만나는 병목 부분이 매우 번잡하며 협소할 수 있지만 오픈 공간으로 사용하여 다기능적인 공간으로 활용할 수 있다. 이러한 협소 공간들은 주변의 모든 것들이 내부 공간들과 연결되어 있어서 외부와 내부의 소통 공간으로 중요한 역할을 한다.

7) 따뜻한 빛의 디자인

교감하고 온기를 나누며 느끼는 빛의 공간이다. 주거 공간에서 자연채광을 고려하여 설계하는 것은 매우 중요하다. 대지 주변의 다양한 자연적 인문학적 환경을 고려하여 자연광의 유입을 최대한 활용해야 한다. 특히 시간, 계절, 방위와 태양고도의 고저를 활용한 전체적인 시뮬레이션도 필요하다.

자연광 유입의 대부분이 전창이나 천장에 위치한 톱 라이트를 통하여 천장과 바닥 그리고 벽면에 섬세하고 부드럽고 아름다운 그림자가 표현되고 공간 내부로 건축적 음영이 자연스럽게 나타난다. 단순하고도 명쾌하지만 범접할 수 없는 위엄이 느껴지는 공간이 된다.

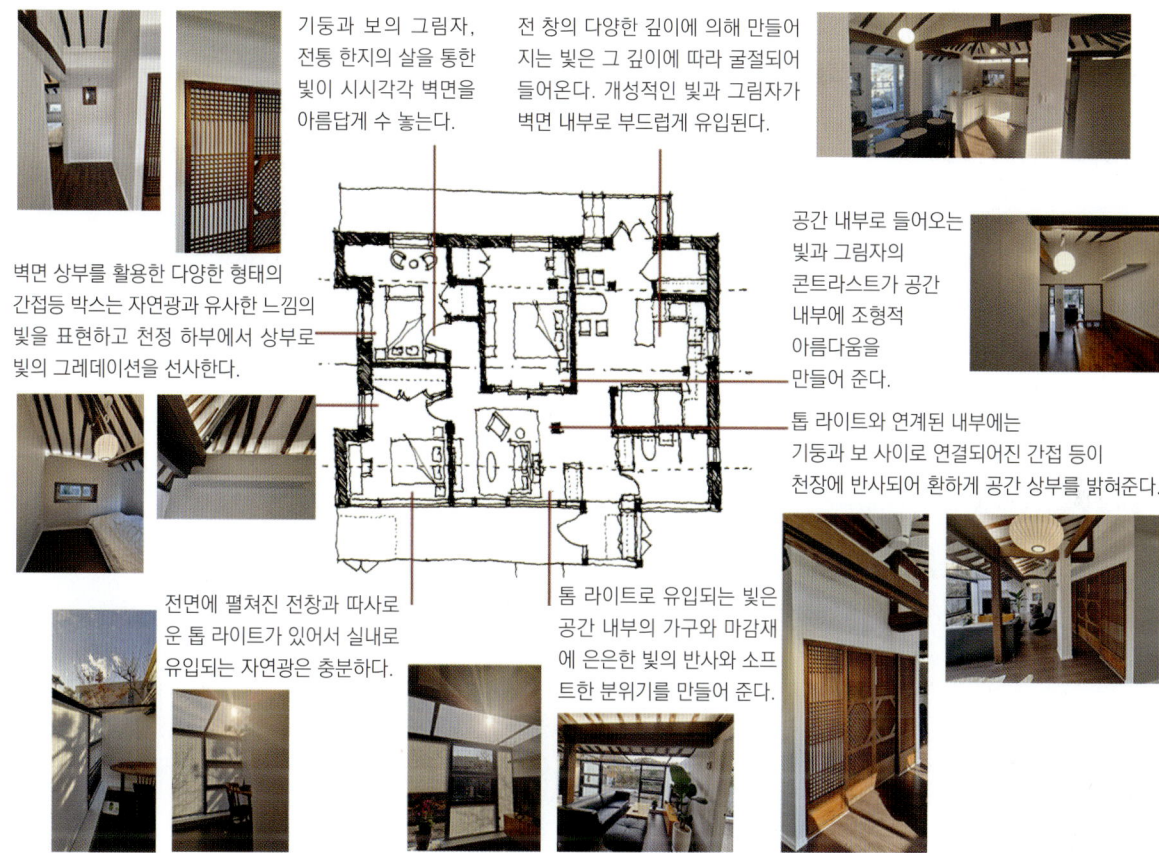

8) 바람의 공간

실내 공간 내부에 공기의 질을 최대한 고려한다. 흐름을 원활하게 하여 바람의 통풍과 회전을 고려하여야 한다. 뒷마당의 창호는 작고 전면의 창호는 크게 하여 바람의 이동 속도를 빠르게 한다.

각각의 방에서 대각선을 활용하여 공기를 순환시키는 것 역시 효율적인 환기시스템 중 하나이다. 동적이며 입체적인 공간으로 공기의 다양한 특성을 이용하여 공간 내부 속 공기의 움직임을 관찰하여 이해하는 방법이 필요하다.

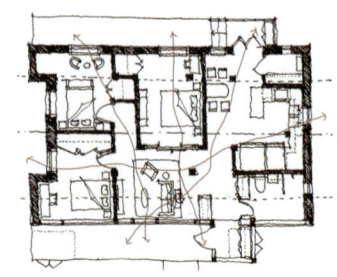

예를 들어 하부의 차가운 공기와 상부의 따뜻한 공기를 어떻게 이동시킬지 고민도 필요하다. 바위를 열 듯 비스듬히 길이 열리는 공간으로 바람에 의해서 동적이며 입체적인 공간 연출도 필요하다.

공간 내부 곳곳에 바람이 지나가도록 막힘이 없는 디자인이 좋다.

발코니로 향하는 전창에는 충분한 공기의 유입이 되도록 미닫이 문을 설치한다.

커튼 월 전면에 환기 기능창을 두어 개방감은 물론 환기의 기능을 마련한다.

9) 옛것의 아름다움

기와, 천장 서까래, 전통 문살, 천연 원목의 기둥과 보는 한국 전통의 대표적인 요소들이다. 보통은 새로운 재료가 좋고 아름다운 법이지만, 한옥 속 옛 재료들은 오래될수록 그 맛과 멋이 곱고 풍부해진다. 특히 한옥을 지탱하는 나무는 세월을 머금고 오래된 나뭇결이 고풍스러운 한옥의 분위기를 잘 살려준다. 정교하고 화려하지 않은 오래된 빗살문을 옛 모습 그대로 사용한다. 부서진 창살도 있는 그대로의 모습으로 충분하다. 새 창살 대신 세월에 갈라지고 곧은 힘찬 모양을 자연 그대로 남겨둔다. 내부나 외부 역시 동일한 느낌인 은근한 격자의 그림자만이 보이는 것이 마냥 신비롭다. 화려한 꽃문양은 없지만 내부의 빛은 충분한 감성을 만들어 준다. 빛은 공간에 다양한 얼굴을 부여한다. 하나의 빛이 가진 고유한 특성, 그 빛들이 다른 감성적 재료를 만나 형성된 또 다른 빛 외에도 주변의 여러 요소와 만나면서 새로운 분위기의 빛이 탄생하기도 한다. 한지로 마감되는 전통문은 수묵화처럼 은은하게 퍼지는 그것과도 같다. 화려한 불빛만이 가득한 일반 조명들 사이에 한지가 빛과 어우러져 우리를 포근히 감싸주어 삶에 지친 마음을 위로 하기도 한다. 이야기 속에서 옛이야기의 진솔함을 들으며 평온하게 잠들게 하는 공간이다.

10) 공간 속 스토리텔링

주변 환경을 최대한 활용하여, 스토리텔링 기법을 통해 공간 속에 이야기를 담아내는 디자인이 중요하다. 공간 주변에 자연의 신비로움을 담아 자연 속을 탐험하는 듯한 착각을 불러일으키는 공간이면 더욱더 좋다.

자연 속 연못 정원을 바라보다가 또 다른 시간대의 거실 공간인 전통 주택의 오래된 자연을 느낄 수 있다. 전통 건축 소재인 전통 문, 서까래, 대들보 등은 전통과 자연의 미를 동시에 현대적으로 잘 표현해야 한다. 자연과 공간을 배경으로 하는 스토리텔링 기법은 항상 흥미진진하고 기다려진다.

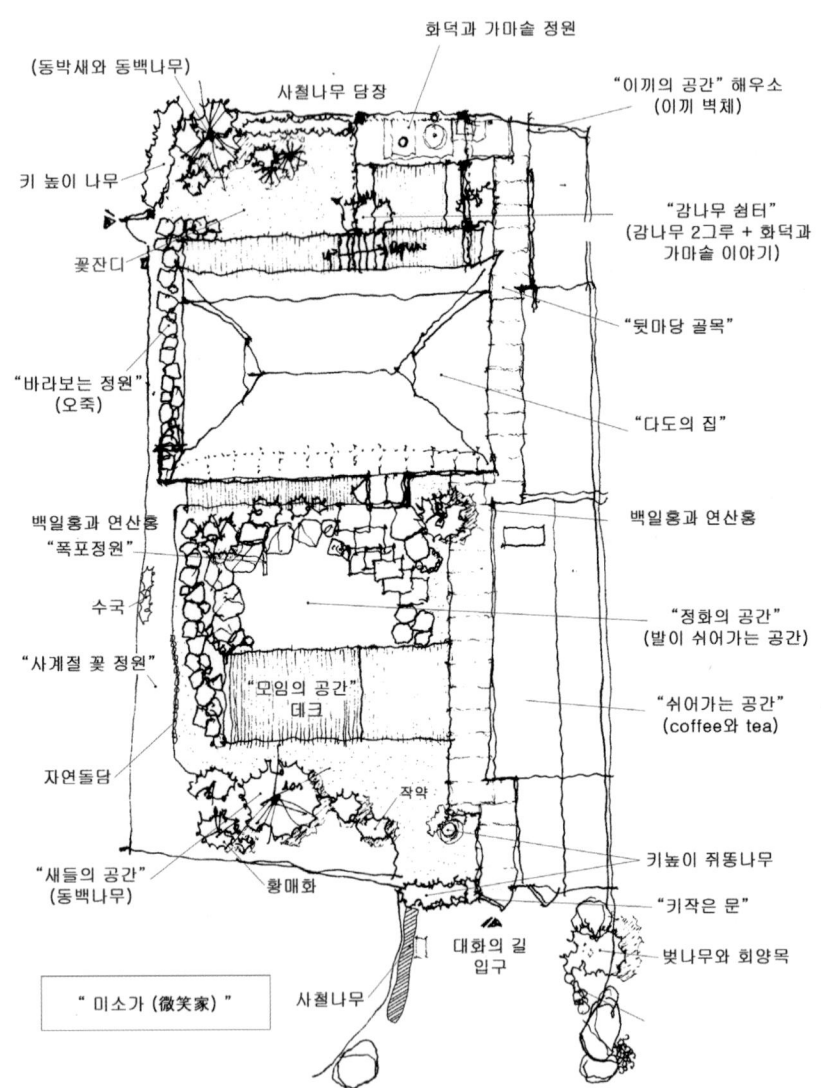

디테일 디자인 Design Case

1) 바라보는 즐거움의 액자형 창호
2) 깊이를 만드는 간접 조명
3) 오래되어서 아름다운 기둥
4) 살이 없어도 담백한 전통문
5) 지켜야하는 원목의 미
6) 기능에 따라 조절하는 패밀리 다이닝
7) 바람으로 쾌적함을 만드는 실링팬
8) 동양적 은근함을 지닌 조명의 힘
9) 공간에 느낌을 더하는 하늘창
10) 바람에 움직이는 모빌
11) 빈티지 사기 애자
12) 주소 판 디자인

1) 바라보는 즐거움의 액자형 창호

사시사철 항상 푸른 잎을 간직하는 대나무 오죽은 그 대가 아름다워 예로부터 왕실에서만 쓰던 귀한 재료이다. 우리나라의 오죽은 사계절을 겪기 때문에 그 색채와 문양이 선명하고 윤기가 있는 것이 특징이며 자연의 아름다움을 닮아 항상 고즈넉한 공간에 자리한다. 대나무는 평생 한 번 꽃을 피워 씨앗을 맺고 집단으로 죽어 이를 '개화병'이라고 부르기도 한다. 오래되어 부식되고 변색된 노출된 콘크리트를 배경으로 세상에 유일한 먹색 대나무인 검은 오죽(烏竹)이 사뿐히 자리한다. 단순하고도 명쾌하지만 범접할 수 없는 위엄이 느껴지는 공간이다.

서서보는 모습, 앉아서 보는 모습, 누워서 바라보는 하늘의 모습이 제각각 다른 얼굴의 풍광을 만들어 준다.

잠시 누워서 멀리 떠나가는 하늘을 바라보면 지나간 시름도 잠시 잊을 수 있다.

2) 깊이를 만드는 간접 조명

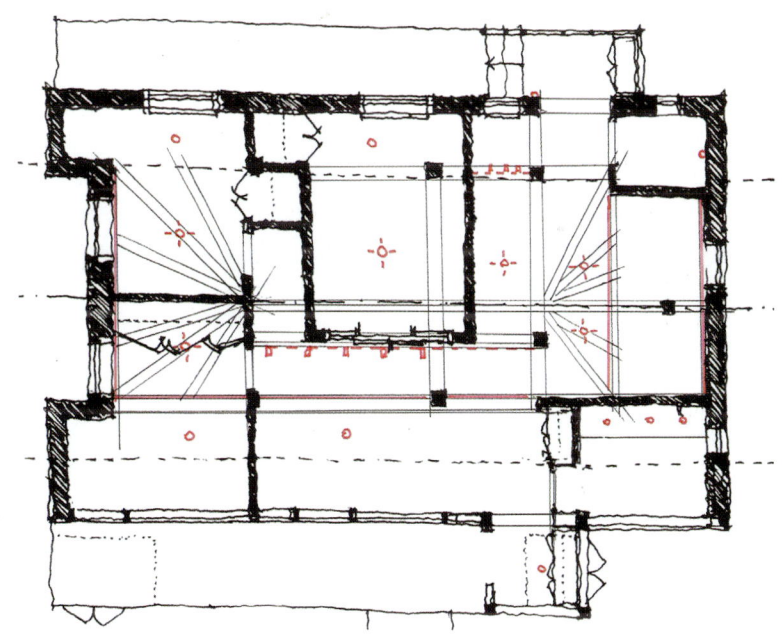

기둥 위로 연결된 보를 이용하여 간접조명을 설치하면 따뜻하고 아늑한 느낌을 주는 간접조명으로 편안한 분위기를 연출할 수 있다. 자연에서 영감을 얻은 색 조명으로 안정감을 주는 화이트 한지와 목재 사이로 네이처 라잇을 연출하면 고풍의 느낌을 만들 수 있다. 목재의 윤곽이 부드러워 보이는 동시에 실루엣이 선명하고 또렷해진다. 천장 아래에 공간을 쉬어 가게 하는 효과가 있으며 천장과 벽 사이에 새로운 깊이를 만들어 주어 마치 기둥 위의 보가 천장을 떠받치는 듯한 느낌을 준다. 간접 조명은 삶과 공간의 또 다른 여백을 만들어 준다.

천장을 뜨게 만드는 간접 조명

천장의 하부 둘레에 간접조명의 설치로 모든 빛이 천장의 하얀 벽과 목재에 반사되어 천정 구조가 더 높고 고즈넉한 분위기가 연출된다. 공간 전체에 빛이 은은하게 확산될 수 있도록 간접 조명의 발광 부분은 빛이 반사하지 않는 소재가 좋다.

홀의 보위에 업라이트(Up-light)을 설치하여 벽과 천정에 보의 그림자가 드리워진다. 조명의 빛과 보가 만들어내는 빛의 스펙트럼이 새로운 분위기를 연출한다.

공간을 연결해주는 간접조명

기둥과 보에 의해 단절된 거실의 여러 공간들이 보를 따라 발산되는 빛에 의해서 공간 내부를 하나의 공간으로 연결시켜준다. 보위로 깔린 빛의 선들은 하나의 서스펜스 축을 이루며 사람들의 시선을 새로운 장소나 공간으로 이동시키는 효과도 있다. 이처럼 간접조명 연출을 활용하여 사람들의 인지 지도에 주의를 주어 공간 안을 체험하게 한다.

3) 오래되어서 아름다운 기둥

이런 저런 역사적 의미나 건축적 결과물을 떠나 나무가 만들어 주는 또 하나의 풍경이다. 전체 공간의 기둥 중에 가장 하중을 많이 받는 기둥은 철근 구조물로 지지하여 건물 내부 구조에 충실해야 한다.

중심의 코어 기둥 외에 다른 기둥들은 천연 목재의 은은함을 그대로 살려 자연 재료의 아름다움을 자연스럽게 노출시켜야 한다.

감싸인 통기둥에는 전기 배선 또는 통신선을 넣어 활용하고 스위치와 인터폰 등 기타 노출되는 시설물들을 매입해서 활용하도록 한다.

4) 살이 없어도 담백한 전통문

수직과 수평이 조화를 만들어내고 삶의 여백을 지향하는 공간이다. 오래된 전통 창호의 재활용으로 공간에 새로운 활력을 불어 넣어 줄 수 있고 전통창호와 현대 공간과의 아름다운 교감이 이루어질 수 있다.

전통창호는 시간이 지날수록 솔 향이 은은하게 퍼져 나와 사람의 몸에도 좋은 영향을 미친다. 기하학적 패턴이 반복되는 전통창호와 현대식 공간은 은근히 잘 어우러져 정갈하고 단아한 멋을 자아낸다.

자연의 빛과 조명이 어우러지면 우아한 자태가 더더욱 잘 나타난다. 창호와 한지가 교차하여 만들어 낸 빛의 투과는 끝없이 피어오르는 생명력을 표현하기도 하며, 때로는 은은하며 몽환적인 분위기를 자아내기도 한다.

5) 지켜야하는 원목의 미

원목에는 향기가 가득하다. 원목은 각 목재와 부위마다 고유한 무늬결과 옹이를 가지고 있다. 같은 수종의 목재라도 생장한 기후에 따라 색상이 다르며 시간이 지날수록 외부의 환경, 관리 상태, 빛에 따라 색이 변한다. 원목이 지닌 특유의 무늿결을 살려 섬세함을 강조할 수 있으며 원목 느낌의 나무 소재가 따뜻한 아날로그적 감성을 전해주기도 한다.

  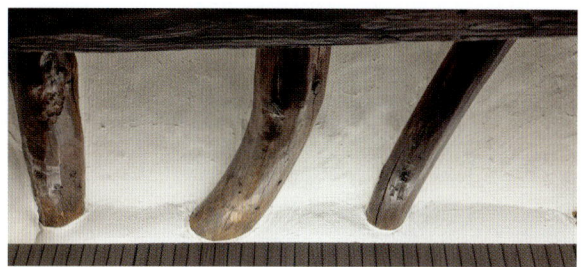

인위적이지 않은 자연 그대로의 모습으로 오랜 시간이 지나도 촌스럽게 느껴지지 않는다. 나뭇결이 살아있고 숨 쉬는 자연 그대로의 모습이다. 엄숙함과 평온함이 공존하며 그 속에 고귀함을 담고 있다.

6) 기능에 따라 조절하는 패밀리 다이닝

확장형 테이블은 길이를 조절하기만 하면 가족 구성원들의 다양한 활동에 적합한 공간을 만들 수 있다. 간편하게 조절하여 테이블 다리 안쪽으로 많은 의자가 들어갈 수 있다. 평소에는 4인용 크기의 테이블이 손님이나  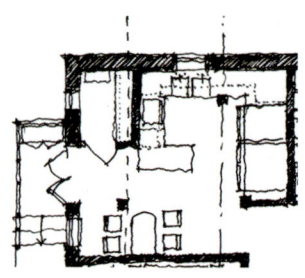 가족들을 위해 8~10인용의 테이블로 변화하거나 야외로 공간을 이동할 수 있다. 테이블의 위치 변경으로 다양한 패밀리 다이닝(Family Dining)의 여러 환경을 변화시킬 수 있다.

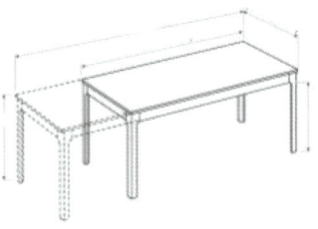

아담한 갤러리 다이닝

소수의 가족이 단란하게 갤러리 창을 주변으로 아늑한 공간 속에서 다이닝 시간을 보낼 수 있다. 식탁 위 간접 조명의 은은함 아래에 갤러리 창을 통해 만날 수 있는 예스러운 아궁이와 화덕, 불규칙하게 쌓여있는 장작의 모습이 또 하나의 자연 속 감성을 선물해 준다.

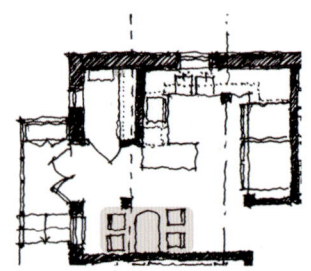

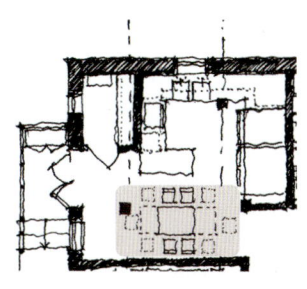

가변적인 파티형 다이닝

혼합형 가족 구성원을 위한 파티 공간으로 많은 수의 가족 구성원이 함께 시간을 보낼 수 있으며 주변의 동선을 충분히 활용할 수 있는 구조이다.

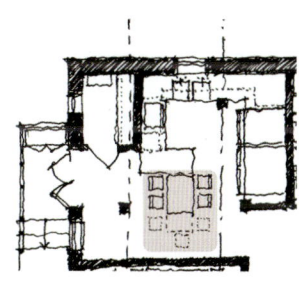

주방과 함께하는 다이닝

음식을 서브하는 여러 사람과 함께 공간을 활용할 수 있으며 주방 주변으로 다이내믹한 공간을 연출할 수 있다. 아일랜드 주방이 있을 경우 테이블을 연결하여 공간의 사용을 최적화할 수 있다. 아일랜드 주방이 없을 경우도 주방과 식당의 거리를 최소화함으로써 구성원들 간의 동선을 최소화할 수 있다. 특히 주방 상부 서까래 천정의 간접 조명 아래에서 거실과 야외로 전체 전경을 바라볼 수 있고 거실과 주변 공간들에 의해 감싸여 무대홀의 감성을 만들 수 있다.

의자와 테이블의 다리는 유사 소재나 재질감 혹은 통일감을 고려하여 선택한다. 가볍고 경쾌한 얇은 상판의 선택이나 우드 슬랩과 같은 무겁고 부

드러운 느낌을 고려할 수 있다. 쉽고 빠르고 간편하게 테이블을 확장할 수 있어야 하며 테이블을 확장하지 않을 때도 상판의 형태와 위치가 크게 변하지 않는 스마트한 디자인의 모습이 중요하다. 최근에는 원목의 나뭇결과 색상이 다양한 테이블이 디자인되며 각각의 디자인에 따라 독특한 매력을 느낄 수 있다.

확장된 테이블 위로 조명이 중앙으로 이동할 수 있도록 레일을 설치하여 항시 매인 조명 이동이 가능하도록 조명 설치도 고려해야 한다. 레일 조명은 처마 측면에 숨겨서 매인 조명만이 보이도록 한다.

7) 바람으로 쾌적함을 만드는 실링팬

봄과 가을에는 공기를 위아래로 순환시켜 쾌적하게 해주고 여름에는 에어컨과 함께 사용하면 바람이 시원하고 자연스럽다. 또 겨울철 난방에선 더운 공기를 아래로 순환시켜 실내를 따뜻하게 유지시켜주고 공기의 순환에 좋고 냉기와 온기를 적당히 분산시킬 수 있다. 한옥의 모습 안에 바람으로 쾌적함을 만드는 현대의 기능도 나쁘지는 않다.

천장의 서까래의 경사각을 고려하여 구조물의 별도 지지대가 필요하다. 실링팬의 높이와 대들보의 간격을 충분히 고려하여 공기가 순환될 수 있도록 설치하는 것이 좋다. 한옥 지붕 아래 눈을 지그시 감고 기분 좋은 자연 바람의 상쾌함을 느껴보는 것도 좋다.

8) 동양적 은근함을 지닌 조명의 힘

정교하고 화려하지 않은 빗살문이 있다. 두 살을 어긋나게 마름모무늬를 만들어 꽃송이 대신 새겨 날카롭고 힘찬 모양으로 꽃잎을 대신하는 것 같다.

화려한 전통 창호가 지니는 외부 꽃문양과 달리, 내부나 외부 역시 동일한 느낌인 은근한 격자의 그림자만이 보이는 것이 신비롭고 여전히 내부의 빛은 충분한 감성을 만들어 준다.

빛은 어둠 속에서 동일한 공간에 다양한 얼굴을 부여한다. 하나의 빛이 가진 고유한 특성, 그 빛들이 다른 감성적 재료를 만나 형성된 또 다른 빛 외에도 주변의 여러 요소와 만나면서 새로운 분위기의 빛이 탄생하기도 한다. 한지로 만들어진 조명은 수묵화처럼 은은하게 퍼지는 그것과도 같다. 화려한 불빛만이 가득한 일반 조명들 사이 빛과 한지가 만나면, 우리를 포근히 감싸주어 삶에 지친 마음을 위로해 준다.

밝은 낮에도 어둠이 내리기 전에도 간접 등의 은은함은 천장을 다양한 얼굴로 만들어 준다. 조명 아래 화사한 홀로그램 작품[2]이 한지 벽면 위를 수놓고 있다.

9) 공간에 느낌을 더하는 하늘창

상부에 하늘 창의 설치는 실내로 자연채광을 부드럽게 유입시키고 하늘의 시원함과 개방감을 원하는 만큼 내부 공간으로 끌어들이는 기능 외에도 다양한 감성의 공간을 연출할 수 있다. 유리로 된 천장을 바라만 보아도

주2) 한국화가 서은경 작가의 'Blossom', 한지와 천 위 콜라주 기법

하늘의 무대 위로 계절의 싱그러움, 변화하는 하늘을 관찰할 수 있다. 천창은 같은 크기의 수직 창보다 햇빛을 더 받을 수 있어 채광 효율이 더 좋다. 실내로 자연스럽게 유입되는 자연채광은 실내 공간 내부의 색감을 더 풍성하게 만들고 일조량이 적어서 발생하는 심리적 우울감을 개선하는데 큰 역할도 한다.

봄, 여름, 가을, 겨울 4계절의 하늘은 모두 다양한 감동을 선사한다. 줄지어 여행을 떠나는 혹은 방향은 같지만 움직임이 다른 구름을 볼 수 있다.

문득 새로운 생각을 만들어 주는 구름 형상도, 바람의 방향을 따라 움직이는 구름도, 서까래 위로 살며시 흘러가는 구름도 어둠이 내려앉고 마지막 순간까지도 그 찬란함을 유지하는 구름 사이로 내려오는 평화로운 햇살을 느낄 수 있다. 그리고 수줍은 연한 바이올렛의 여운을 주고 밤에는 반짝이는 별을 관찰할 수 있게 해준다.

장대비가 심하게 오고 내리는 날에도, 비가 온 다음날 청량한 하늘의 모습도 항상 새로움을 간직하고 있다.

낮에는 푸른 하늘을, 밤에는 밤하늘을 조망할 수 있고 천정의 갑갑함을 줄일 수 있어서 좋다. 하늘 창에 비치는 공간 내부의 모습도 어두운 조명사이로 간혹 유리에 비추어져서 신비로움을 선사한다.

긴긴 밤을 지나고 움츠렸던 추위 속 새벽 아침에 알 수 없는 눈물이 맺혀있다. 송이송이 맺혀진 이슬이 투명한 유리에 닿아 성에꽃을 열심히 피우고 있다. 서까래 위 푸른 하늘 위로 빛의 향연이 시작된다.

10) 바람에 움직이는 모빌

전통 주택의 서까래 아래 움직이는 조형의 아름다움도 공간에 새로운 활력소를 불어 넣어 준다. 모빌은 재활용 금속 재료와 알루미늄에서 친자연적인 재료에까지 다양한 재료와 형태가 만들어진다. 단순한 형태들이 모여 심플하면서도 균형미를 잃지 않는 정교함이 느껴지며 부드러운 곡선의 형태와 따뜻한 질감의 나무 소재가 만나서 작은 생명이 움트는 듯한 기운을 만든다. 때로는 한국 정서의 고즈넉하고, 쓸쓸한 가을의 정취가 한층 더 가미되기도 하며 가만히 모빌을 보고 있으면 마음이 정화되는 것 같은 기분이 든다.

11) 빈티지 사기 애자 (전통 한옥 배선)

전통 한옥에서의 배선은 천자의 서까래를 자연스럽게 노출해도 그 분위기를 충분히 살릴 수 있다. 단지 기와, 서까래, 살문 등 전통 한옥의 구조와 건축 양식은 유지하고 기존의 물성과 현대의 재료가 이질적이지 않도록 하는 것이 최우선 과제이기도 하다. 옛날 한옥에서 서까래와 대들보를 지

나서 전선이 인입할 때 주로 노출해서 사용했던 사기애자이다. 한옥에서 모셔온 사기 애자는 사기로 만들어진 전기 애자라서 세월감도 있고 자연스럽게 깨진 부분도 때로는 빈티지하게 보인다.

12) 주소 판[3] 디자인

오래되고 빛바랜 주소 판을 새로운 얼굴로 디자인한다. 주택 입구의 파사드나 현관에 액세서리로서 사이의 역할을 하여 주택의 첫인상을 만들기도 한다. 조명과 연계하여 주택의 개성 표현도 가능하며, 입구의 이미지 표현에 새로운 디테일을 만들 수 있다. 스타일리쉬한 타이포그래피로 개성에서 연출이 가능하다. 소소한 부분의 디테일과 재료의 표현이 입구의 새로운 문화를 만들 수 있다.

각각의 돌출된 문자가 벽체로부터 약간의 음영을 만들며 깨끗하고 세련된 인상을 준다. 도어에서 인터폰, 문패, 주소판 등 외부에서 보여 지는 콘텐츠들의 기능과 디자인을 함께 고려하는 것도 주택의 개성 표현에 매우 중요한 요소이다.

주3) 하나 사인몰 디자인 및 제작

조경 디자인 Design Case

1) 자연형 정원과 시스템
2) 컨셉이 있는 정원 만들기
3) 연못과 스테이지 데크
4) 생각하는 정원 만들기
5) 리드미컬한 데크 디자인
6) 자연을 이어주는 돌담
7) 석재 조경 디자인
8) 정원 속 조명의 연출
9) 돌아가며 향기 나는 계단
10) 멋스러운 난간 조경
11) 돌과 꽃과 나비
12) 개성있는 새집 만들기
13) 또 하나의 공간
14) 화덕과 아궁이 이야기
15) 막아주며 연결하는 캐노피

1) 자연형 정원과 시스템

이어주는 마당의 동선

전통 정원의 양식 중 하나인 회유식 정원은 정원 속 풍경을 돌면서 내부를 관찰할 수 있는 형태이다. 회유식 정원의 기본 요소 중 하나는 연못을 큰 줄기로 두고 주변 경관과 어울리는 관목과 초화류 등 조경물을 설치해 자연을 조성한 것이 특징이다. 경사지 물매를 이용하거나 혹은 인공적인 물매를 연못에 설치하여 물이 흐르게 하고 계류 위로 다리를 만들고 석등을 만들 수도 있다. 잔잔하게 물 표면으로 떨어지는 물소리가 마음을 안정시켜주고 정신도 맑게 해주는 역할을 한다. 물소리가 마음을 정화하는 정원 주변으로 연못을 위해 연못 주변은 꽃을 많이 심지 않는다. 필요한 조경수만 심고 전반적인 절제의 미를 표현한다.

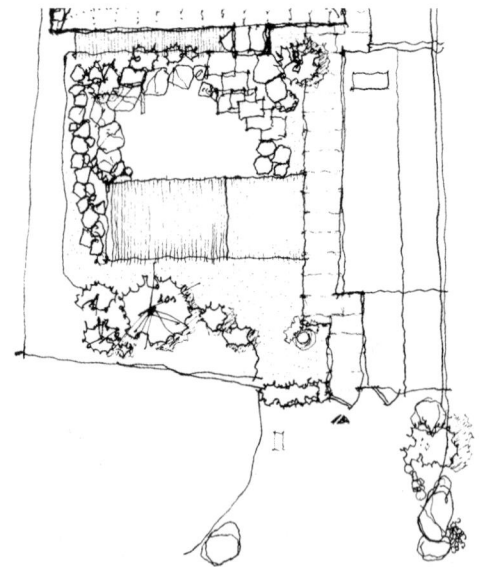

2) 컨셉이 있는 정원 만들기

회유 동선의 형태를 활용하여 자연 정원의 다체로운 분위기를 느낄 수 있다. 회유 동선의 중심인 연못은 전체 조경을 하나로 묶어주는 통일감을 준다.

실내 현관과 연결된 데크는 높이를 함께하여 데크 테라스로 만든다. 자연스럽게 실내외의 경계를 허물고 자연스러운 연결을 시도한다.

위에서 내려다 본 정원은 주변 돌담으로 이어져 또 하나의 회유 동선을 만든다.

완만한 경사를 이용한 디딤돌은 공간에 역동적인 변화를 만든다.

연못 뒷면을 따라 설치한 조경석은 기능과 장식의 두 가지 역할을 하며 배롱나무와 어우러져 햇빛 아래 그늘 정원을 선사한다.

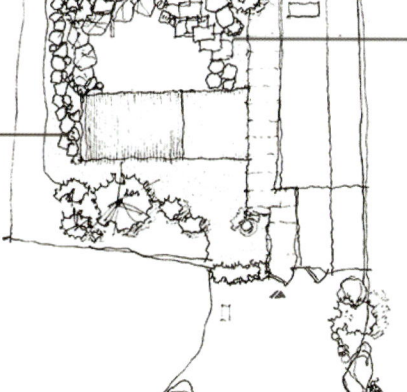

거실의 전면을 높이고 난간 대신 사계절 오색을 발산하는 조경수 남천을 조성하여 자연스럽게 거주자와의 분리와 연결을 만든다. 전면 통유리에 반사된 자연 정원은 자연의 엄숙한 또 하나의 정경을 만들어 준다.

연못 측면에서 바라본 정원은 돌담 위 사계절 꽃 정원을 배경으로 멋진 스펙트럼을 선사한다. 연못의 풍경을 다양한 각도에서 즐길 수 있다.

이처럼 자연미를 응축한 경관을 소재로 입체적인 정원을 연출할 수 있다. 정원 각 공간마다 개성을 살려 큰 것은 더욱 크게 작은 것은 더욱더 작게 보이도록 강조하여 원근감을 이용한 입체 정원이다. 눈앞에 보이는 공간을 따라 이동하다 보면 집이 실제보다 크게 보이는 느낌도 있고 한쪽 방향의 동선에 비해 개방감이 높은 게 그 특징이다.

정원은 개방적인 느낌보다 감싸는 느낌의 정원이 보다 안정적이다. 정원 전체를 수목으로 감싸는 것이 아닌 전체적으로 개방적 배식패턴을 유지하고 마지막 수목으로 조금만 감싼다는 느낌을 주면 된다. 처음부터 감싸는 배식을 하면, 좁은 정원인 경우 더 좁게 느껴진다. 관목(키큰관목, 철쭉)으로 정원 출입구를 감싸듯이 식재하면 안정감과 감싸는 느낌을 줄 수 있다. 즉, 교목은 열어주고(마지막 수목만 조금 출입구 쪽으로 당겨주고), 관목(철쭉, 키큰관목)을 감싸주면 훨씬 안정적이다.

정원을 걷는 공간을 따로 만드는 형태보다 동선을 전체의 마당 안에 적절히 녹여 넣어 별도의 동선으로의 느낌을 줄 필요는 없다. 현무암 판석, 디딤돌, 잔디, 데크 등 다양한 감각적 조경 재료로 다양한 자연의 촉감도 선물할 수 있다.

3) 연못과 스테이지 데크

공간 가장 깊은 곳, 시간이 멈추어진 듯 심연에 조용히 가라앉은 공간이다. 데크는 외부와 내부의 공간을 분할하여 새로운 변화를 만든다. 외부에서 내부를 바라보면 바닥 면의 단차로 인해 데크가 또 하나의 무대로 변한다. 아름다운 연못과 연결되는 데크는 자연과 어우러진 편안하고 쾌적한 공간이 된다.

담장마다 피어난 예쁜 꽃들에 연못에 비춰지는 기와의 모습이 보는 이도 즐겁게 만든다. 데크를 연결해주는 사이사이 흙길은 생명이 지속되는 곳으로 자연의 기운이 순환되며 생명체끼리 좋은 기운과 물질을 서로 주고받아 서로를 살리는 곳이다.

연못은 비가 오면 많은 양의 물이라도 바로 유입되고 평상시는 맑고 깨끗한 산에서 내려오는 물을 품는 스펀지 같은 역할을 한다. 바위를 안아 감싸는 듯 나무와 꽃들의 가지가 바위를 덮고 있는 모습을 볼 수 있다.

자연을 품은 나의 집 만들기

하늘의 짙은 파란색은 눈을 시원하게 해주고, 연못 바위 위로 쭉쭉 뻗어있는 남천만 보기만 해도 시원하다. 연못 주변 둘레에 다양한 높이의 데크를 설치하여 그 위를 걸어가면 정원의 사계절을 편안하게 느낄 수 있다. 정원 속 모든 기운이 기분을 상쾌하게 하며 마음을 깨우고 어루만져 준다. 정원 속에 있으면 기쁨이 솟아나고 편안해진다. 오랫동안 박혀있던 상처를 어루만져주고 아픔과 슬픔도 치유해 준다.

4) 생각하는 정원 만들기 (바닥 마감재료)

모든 공간은 각기 독립적이지만 조용히 끊이지 않고 엮여져 있으며 재료의 여백으로 완성된다. 정원 바닥을 마감하는 재료는 거주하는 지역의 기후와도 연관이 깊다. 특정한 기후에 맞지 않아 유지가 힘들다면 아무리 아름다운 소재라 하더라도 기능성이 떨어진다는 사실을 기억해야 한다. 그 지역의 재료를 활용하여 정원을 디자인하는 것이 매우 중요하다.

자갈을 고정하거나 모아두지 않고 그냥 넓게 깔아놓는 방법이 있다. 조약돌은 회색이나 갈색, 심지어 붉은색을 띠기도 하며 자연스러우면서도 원하는 장소에 고르게 깔아두기만 하면 된다.

바닥 포장용 판석 또는 비정형의 석재를 이용하여 디자인할 수 있다. 다양한 색상과 무늬, 음영 등을 표현할 수 있어 선택의 폭이 넓다는 점도 장점이다. 표면을 부드럽게 마무리하는 경우가 대부분이지만 거칠게 마감해 독특한 질감을 살릴 수도 있다. 잔디 사이사이로 펼쳐지는 비정형의 아름다움을 느낄 수 있다.

데크는 나무 특유의 부드럽고 따뜻한 질감을 표현하며 쾌적한 분위기의 공간을 연출한다. 언제나 아늑하고 편안한 분위기 속에서 휴식을 즐길 수 있는 공간을 만들 수 있다.

흙바닥의 정원 부지에 채우지 않고 비워두면 뭔가 어색하지만, 잔디를 깔아주면 비워둔 흙바닥이 오히려 수목보다 더 질감인 녹색의 잔디로 채워지기 때문에 더 넓고 시원하게 느껴진다. 흙의 황토색과 나무의 녹색에 따른 색감대비로 인한 착시현상이 강하기 때문이지만 자연의 다양한 재료를 이용하면 더욱더 아름다운 모습을 만들 수 있다.

5) 리드미컬한 데크 디자인

데크의 높낮이 차이를 이용하여 생동감을 연출한다. 데크 주변으로
1) 생태 연못과 조경을 두고 시선이 연못의 석재와 조경으로 향하게 하며
2) 낮은 데크를 두어 수공간과의 거리를 좁히고
3) 상부 발코니 데크와의 부드러운 연결은 스케일의 변화를 체험할 수 있게 한다.

6) 자연을 이어주는 돌담

자연 속 평소 밭을 일구는 과정에서 나온 돌들을 그냥 편하게 쌓아 바람을 막고 우마의 접근을 막고 있는 그대로 소박함을 내보인 게 돌담이다. 각기 다른 장소의 돌들이 자연 속 담장을 위해 한 곳에서 모인다. 돌의 각진 쪽은 비슷한 각으로 맞추고, 둥글납작한 것은 그 형태를 안을 수 있는 깊게 파인 곳과 맞물리게 하고, 뾰쪽한 곳은 넓은 틈새에 끼워 넣는다. 둥근 돌은 모난 돌을 보고 모난 성격자라 하지 않고, 모난 돌 또한 둥근 돌을 보고 두루뭉술한 인격자라 편애하지 않는다. 각자의 위치에서 주어진 몫에 충실하기 위함인 것이다. 돌담이 비워둔 공간으로 바람 친구가 웃으며 소통의 길을 만들어 놓는다. 자연 돌담에게서 작은 소통의 배려를 배운다. 이 세상에서 하나밖에 없는 자연 돌담은 돌에 이끼가 끼면 예술품이 된다. 요즘 한국적인 것이 세계적인 것이라는데 만들기는 어려워도 수명은 영구적인 돌담이다.

오래된 한옥 마을 옛날 담에는 사연, 역사, 철학이 담겨있다. 직선 형태의 담은 절제(節制), 굽은 형태의 담은 순정(純情), 특이 형태를 닮은 담은 애틋한 정을 표현하기도 한다. 때로는 철학적 얘기를 들려주기도 하고 생명과 자연을 존중하고 자연과 더불어 살아가는 공존의 교훈을 알려주기도 한다.

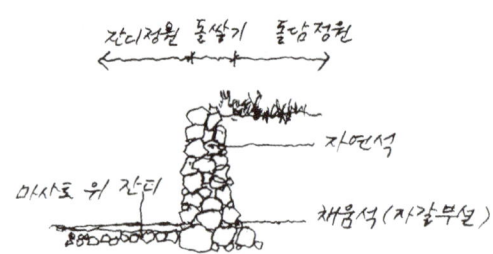

7) 석재 조경 디자인

조경석 쌓기는 석공과 조공 등 최소 2명의 사람이 돌을 골라 체인에 걸어주어 중장비가 옮겨다 쌓는 작업이다. 조경석 쌓기 전 법면의 안정화 조치가 우선 선행되어야 한다. 돌쌓기 시공은 돌을 힘으로 땅에 박질 않기 때문에 우기라든지 겨울이 지나면 주저앉는 경향이 있기 때문에 돌과 돌 사이를 완벽하게 압착시켜서 쌓아줘야 틈이 적어지며 주저앉지 않는다.

크고 작은 조경석을 서로 어울리게 위치하여 쌓아야 하며 전체적으로 하부의 돌을 상부의 돌보다 그리고 뒤에 배석하는 돌을 큰 것을 쓰는 것이 식재 조경과 잘 어울릴 수 있다. 석재의 전면은 자연스럽고 아름다운 면이 노출되게 하고 서로 맞닿는 면은 흔들림이 없도록 해야 한다. 어떻게 돌이

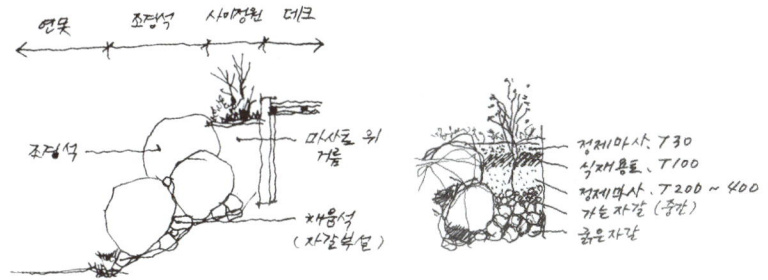

겹쳐지고 맞물려야 조경석 사이로 흙이 빠져나오지도 않고 적당히 보기도 괜찮고 토압도 견딜 수 있도록 충분한 배려가 필요하다. 돌을 쌓으면서 매지목과 돌 틈 식재를 넣어 돌 사이에서 흙도 빠져나오지 않도록 한다. 매지목의 전경과 조경석의 연출은 아름다운 정원을 만들어 준다.

8) 정원 속 조명의 연출

어둠과 그 어둠을 가르는 빛을 이용하여 인공적인 공간을 만들 수 있다. 경관조명을 통해 아름다운 공간 속 대상물의 각 면에 명암, 음영을 주어 대상물을 입체적으로 표현을 한다.

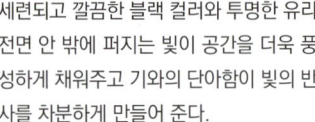

세련되고 깔끔한 블랙 컬러와 투명한 유리 전면 안 밖에 퍼지는 빛이 공간을 더욱 풍성하게 채워주고 기와의 단아함이 빛의 반사를 차분하게 만들어 준다.

조명의 각도에 따라 석재들과 숨어있는 꽃과 나무 그리고 분수대는 다른 분위기를 가지게 되고, 정원을 더 따뜻하고 정겹게 바꿔줄 수 있다. 이처럼 다양한 야외조명 연출법을 통해, 집 안 내부가 아닌 야외공간에 활기를 불어넣고 낭만적인 분위기를 연출할 수 있다.

9) 돌아가며 향기 나는 계단

직선적 계단보다 때로는 옛 선인들의 느림의 철학인 우회하는 계단이 더 정겹다. 3개의 계단을 오르면 잠시 만리향의 향기에 취해 몸을 터닝하여 네 번째 계단으로 이동한다. 돌고 돌아설레는 마음을 주려는지 정면을 피해서 입구가 다른 방향을 향한다. 측면으로 바라보고 있지만 살짝 시선을 피하는 듯해 보인다. 입구가 나를 정면으로 똑바로 바라볼 수 있도록 정면으로부터 매우 부드럽게 접근해 들어가야 한다.

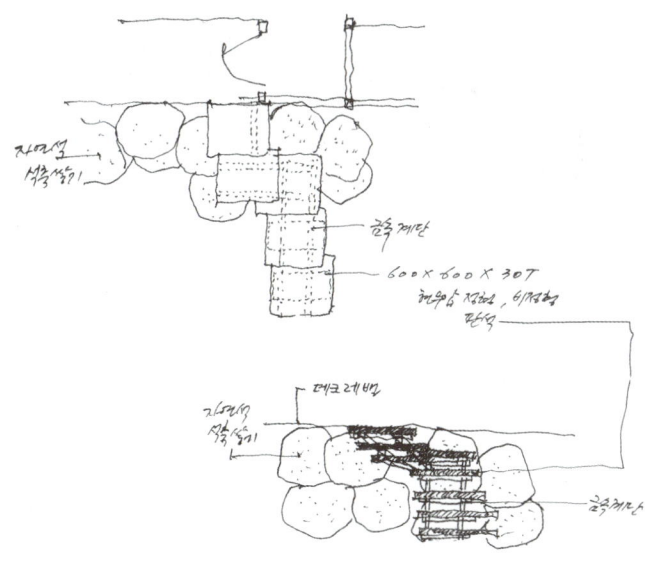

자연 친화적인 모멘트는 공간에 새로운 활력소가 될 수 있다. 계단을 통한 정원에서 데크로의 수직적 연결은 자연스러운 생동감을 주고 또 하나의 조형적 개성을 살려준다.

외부와 내부로의 연결 시 반드시 계단이 존재할 필요는 없다. 단순히 계단이 다른 층 사이를 연결하는 통로만의 역할을 하는 것은 아니다. 외부와 내부의 공간 분할에서 공간에 활기를 불어넣어 주거나 또 하나의 새로운 변화를 줄 수 있다. 높낮이 차이를 이용하면 공간의 획일성과 단조로움을 피하고 리듬감과 생동감을 연출할 수 있다. 연결 공간에 단차를 줌으로써 실외에서 입체적인 교차는 어렵지만 실외 공간의 콘텍스트에 뚜렷한 변화와 인상적인 효과를 만들 수 있다.

10) 멋스러운 난간 조경

자연을 품은 공간으로 넓은 마당 속 고요히 머무르고 우러르는 공간이다. 데크 위의 난관은 별도의 인공적인 재료보다 수목 조경을 이용하여 자연스러운 난관을 조성한다. 남천과 같은 조경수의 경우 사시사철 오색의 얼굴을 보여준다. 남천은

찬 기온이 엄습해 오고 빛을 강하게 받으면 단풍색의 아름다움을 표현하며 '남성(男性)의 기(氣)를 살려주는 식물'이라고 한다. 대부분 꽃의 화려함에 반하지만 남천식물은 나무처럼 우람하고 크지 못하지만 아담한 사이즈가 더 매력적이다. 꽃은 6~7월에 피고 열매는 둥글고 10월경 빨간색이

빛나게 익어간다. 봄에는 꽃, 여름에는 잎, 가을에는 열매와 단풍, 겨울에는 빨간 열매를 바라보는 즐거움이 있다.

가을의 찬바람에 붉게 물든 열매가 풍성하게 달려 있는 모습도 겨울철에 잎과 붉게 달린 열매가 그대로 달려 있어 변화 없는 모습을 보여 준다. 붉은빛의 남천나무는 정원과 데크를 연결해주는 낮은 담장의 역할로도 충분하다.

11) 돌과 꽃과 나비

산과 물과 하늘과 흙이 이야기하는 공간이다. 공간 안에서 각자의 목소리를 만들어 내면서 평화롭고 조화로운 진솔한 삶의 풍경을 만들어 가고 있다. 숲속 나무들 사이. 돌 사이의 틈과 땅 위. 어둠과 빛은 새로운 깊이를 만든다. 정원 속 공간마다 꽃들은 창의력을 더한다. 특히 어두운 곳에 빛이 내리쬐는 순간, 정원에는 생명력과 활기가 넘쳐난다. 이른 아침 이슬이 촉촉하다. 돌 사이에 피어나는 아지랑이도 돌 뒤에 숨은 국화도 자연 속 갤러리에서 만들어지는 자연스런 모습이다.

꽃이 피는 곳에는 벌과 나비가 날아들지만 봄과 여름에 흔했던 벌과 나비도 가을이면 찾아보기 힘들다. 그중에서도 나비가 날아다니는 모습은 쌀

쌀한 10월 말에 정말 귀한 풍경인데 나비 날아와 꽃밭에 사뿐히 즈려 앉을 때가 가장 아름다운 것 같다.

12) 개성 있는 새집[4] 만들기

주4) 키큰나무공방 디자인 및 제작

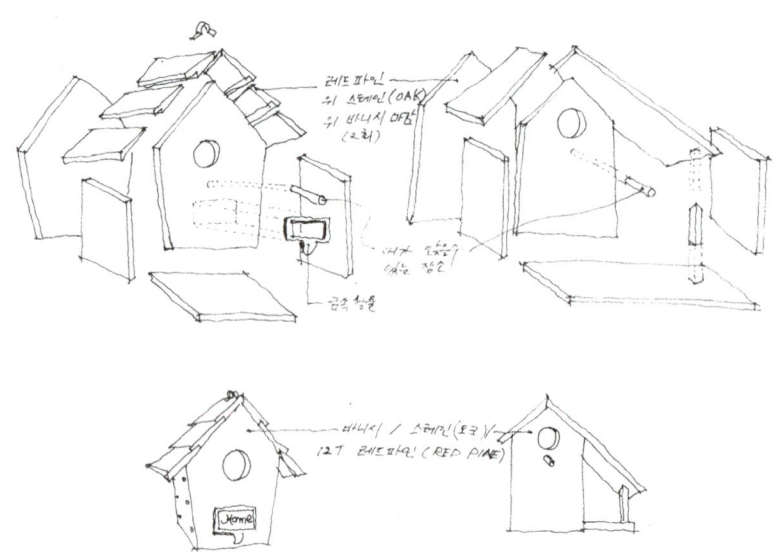

나무는 시간의 거센 파도 속에서 묵묵히 사랑을 품고 있다. 새 둥지가 자연 속 또 하나의 자연을 품은 풍경을 만든다. 산새 새들도 좋아하는 보금자리인 개성 있는 새 둥지를 디자인하면 즐거움이 배가 된다. 야외 정원에 원목 새집으로 1. 계단 지붕형, 2. 새 모이 선반형을 제작한다.

특히, 새들은 색을 구분하고 선명하게 볼 수 있는 특정 세포를 가지고 있어서 화려한 원색의 색상으로 마감을 고려한다.

제작 공정은, 레드파인(Red pine)으로 형태 제작 → 새 구멍 아래 새들이 앉을 수 있는 철물 제작→ 방수 및 부식 방지를 위해 초벌 채색으로 스테인 (오크)→ 페인트 채색→ 바니시 2회 마감, 으로 마무리한다.

13) 또 하나의 공간 (데크 하단창고)

삶에도, 건축에도, 작은 공간에도 기능의 여백이 필요하다. 채울 수 있는 만큼 채우고 그대로 두면 된다. 데크 하단 부분에 소중한 공간을 마련하여 삶의 이야기 창고를 만든다. 진솔한 인생의 이야기를 품은 공간이 된다.

자연을 품은 나의 집 만들기

14) 화덕과 아궁이 이야기

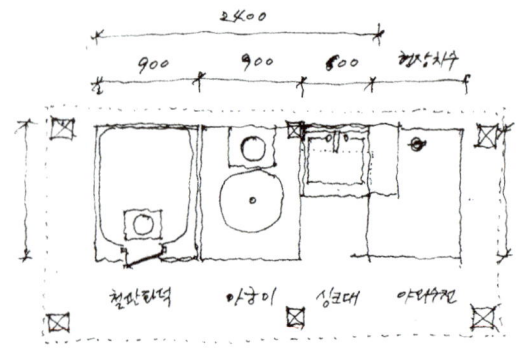

재료	형태	사이즈	재료	형태	사이즈
가마솥		안성 주물 240×420 부뚜막 지름 (540)	연통		Ø125×700H
아궁이화구		무쇠주물 도어(20호) 470×390	단열재		초고온 단열재 25T×600
내화벽돌		230×114×65	연통덮개		300×290H
화덕철판		6T×680×780(2)	역풍방지기		280×440H

15) 막아주며 연결하는 캐노피

수직과 수평이 조화를 이루는 공간이다. 수평으로 길게 뻗어진 금속 파이프를 수직 파이프가 흔들고 지탱하고 있다. 새로운 하늘이 만들어지고 공간아래 작은 공간이 만들어진다. 캐노피는 기성제품이 아닌 현장 맞춤제작으로 설치되어진다. 그렇다 보니, 설치장소에 맞는 사이즈와 디자인의 선택이 중요하다. 일반적으로 알루미늄을 이용하여 골조작업을 하지만 철재 각 파이프를 노출 그대로 재현하기 위해 골조로 사용한다. 녹 발생 방지를 위해 이음새 용접 부분과 너트 연결 부위는 도색으로 마무리한다.

기둥을 세울 수 있는 바닥기초패드작업이 되어있어야 한다. 기초패드공사가 되어있지 않은 상태에서는 기둥을 설치하실 수 없지만 소형캐노피 같은 경우에는 바닥패드나 기존 벽체에 앙카 시공하여 기둥을 설치한다.

지붕마감은 투명 폴리카보네이트 3T로 양면 자외선 차단처리와 적정 규격제품으로 건축물 외관과의 연결을 위해 투명으로 선택한다.

5
내부공사

기초

설비

창호, 목공, 전기

타일, 바닥, 도배 (도장)

가구, 조명

석면 철거

석면 철거의 절차는 크게 여섯 단계로 진행한다. 1) 석면조사, 2) 각종 신고 및 증명서 발급, 3) 석면 철거 작업, 4) 측정, 5) 폐기물 운반과 매립처리, 6) 각종 신고절차 완료 처리

지자체에서 보조하는 경우가 대다수이나 거주하지 않을 시 보조는 받을 수 없다. 현장 상황 환경에 따라 변수가 있기 마련이라 평수만 가지고 견적을 내기에는 한계가 있고 석면의 물량에 따라 달라진다. 또한 견적 시 석면 해체 제거 비용 외에 포함되는 항목도 존재한다.

※석면조사 비용, 폐기물처리 비용, 농도측정비용, 감리비용이 있다. 재료비와 노무비가 주를 이루는데 그중에서도 노무비 비중이 가장 크며 석면 작업은 안전보호구를 착용한 상태 그리고 외부와 차단된 상태에서 작업을 해야 한다. 석면이라는 1급 발암물질을 취급하는 일이라 위험도 측면은 상당히 높다. 다음 사항을 중점으로 고려하여 비용이 청구된다.

1) 석면조사비용

석면조사는 석면철거공사에 앞서 반드시 실시해야 하며 해당 건축물에 시공된 자재가 석면이 함유되어 있는지, 석면의 위치 물량 종류 등에 대해 조사하고 그 결과에 맞게 석면지도를 작성하는 조사를 실시해야 한다. 석면조사 보고서를 토대로 신고를 작성하고, 확인하여 공사를 진행한다.

2) 폐기물처리비용

석면은 지정폐기물이기 때문에 신고 접수 후 폐기물처리장으로 운반하게 되며 발생되는 폐기물처리 비용도 석면철거 견적에 포함이 된다. 폐기물 처리 비용은 현장답사 시 석면 자재가 얼마나 있는지 정확하게 물량을 파악해야 무게로 계산한 비용 산출 시 정확하게 산출할 수 있다.

3) 농도측정비용

석면철거 완료 후 작업장에 석면이 잔존하는지 여부를 확인하는 측정이며 기준치 미만으로 결과가 나와야 안전하게 석면공사를 마무리할 수 있다. 실내공기질 측정은 실내 작업 시 적용 (텍스, 밤라이트 등) 되고 비산농도 측정은 석면철거면적이 500m^2 이상일 경우 적용된다.

4) 감리비용

석면철거 면적이 800m^2 이상은 일반 감리, 2000m^2 이상은 고급 감리가 적용되며 석면철거는 위와 같은 항목과 현장 상황에 고려하여 석면철거 비용이 산출된다.

신고와 절차에 대한 정부 관리 감독기관은 고용노동부와 환경부 (지방자치단체)이고 석면 작업에 대한 절차는 고용노동부에서 맡고 있으며 (고용노동부 산재예방지도과에 접수) 석면감리 비산 측정 폐기물 운반과 처리에 대한 것은 환경부에서 맡고 있다. 신고 접수는 특별한 경우를 제외하곤 대부분 지자체에서 진행하며 신고 후 증명서를 발급받아야 공사를 할 수 있다. 석면해체 제거 작업 계획서, 폐기물처리 계획 신고서 등 접수 후 평일 기준 허가 필증이 나오는 기한은 최소 7일에서 9일 정도 걸린다.

건물 내·외부 철거

한옥집이나 전통 기와집의 경우 전문적인 기술과 노하우가 있는 철거업체를 지정하여야 안전하고 유지 보수에 있어서 비용을 줄일 수 있다. 철거 작업은 지장물 제거, 지붕 벽체 철거, 기초 철거 순서로 진행되며 기와와 서까래는 유지 보수를 위해 철거에 주의하여야 한다. 서까래는 처마도리와 중도리 마룻대에 지붕 물매의 방향으로 걸쳐있는 형태로 지붕의 뼈대를 이루는 건축 부재이다. 흙집은 먼지가 많이 나오기 때문에 공사용 마스크를 반드시 착용하여야 한다. 건물 철거, 마루 철거 후 폐기물 처리까지 3~4일이 소요된다. 오래된 모습을 기억에 남도록 현장 사진을 남겨두면 즐거운 추억을 만들 수 있다.

내 외부 철거 전과 후

하나씩 철거하며 옛 모습이 만들어졌던 시점들을 회상하며 각 구조체의 연결을 한눈에 볼 수 있다. 바닥과 보와 기둥이 각자의 형태로서 하나가 되는 모습을 보는 것은 마냥 흥미롭기만 하다. 바닥 마루의 철거 시 기둥과 연결된 중심축의 바닥 보는 기와와 한 구조체로서 서로 지탱하기 때문에 철거하지 않고 차후 설비 부분과 연계하여 높이 설정을 하면 된다. 특

히 주춧돌 위의 기둥은 서로가 연결되어 있어 내부 구조의 특별한 보강이 필요하다. 기둥과 벽 사이에 시멘트와 나무로 메꾸어 놓은 흔적 등 차후 벽체의 철거나 커팅이 필요할 경우 구조의 이해가 필요하다.

천정은 삼량을 기본 골자로 하고 있고 대들보 아래로 칸을 구분 짓는 기둥이 있고, 미닫이문이 달려있던 문틀의 흔적이 남아 있다. 모서리부에 위치한 양쪽 칸들은 방향을 틀어 서까래를 얹었으며 천장 구조가 위용 있는 자태를 뽐내며 중앙 대들보에 연결되어 있다. 상처투성이의 모습, 지난 세월의 흔적들이 새끼줄에 동여매여 있는 모습도 오래된 기와가 인내했던 세월의 깊이를 느끼게 한다.

서까래 사이를 받치고 있던 흙과 돌 더미가 무너져 내린 상처투성이의 천장이고 누수로 인해 완전히 부식되거나 무너져 있는 형태가 다반이다. 묵직한 통나무의 부피감이 느껴지지 않을 정도로 심하게 부식되거나 속이

텅 비어 있는 경우는 유지 보수가 반드시 필요하다.

기와가 오래된 경우 기와의 하중이 벽과 창호 틀에 집중되어 있을 수 있으므로 차후 구조적으로 내부 보강을 진행하면서 열어야 할 부분을 결정하는 것이 좋다. 기와와 오랫동안 함께 지지했던 뒷벽의 경우 특별한 보강 후 철거나 커팅이 필요하다. 뒤 정원으로 열려진 창호의 프레임이 늦가을의 해묵은 정취를 한가득 담아내고 있다.

철거 중에 발견된 4개의 미닫이문은 그 형태가 보존의 가치가 있으므로 별도 보관이 필요하다. 오래되어 바랜 격자 나무 사이의 눅눅한 먼지 냄새도 정겹게 느껴진다.

축사의 경우, 서까래를 보존하여 예스러움을 살리려면 기존의 틀과 형태들이 파손되지 않도록 천장 부재들을 철거하여야 한다. 기존의 벽체들은 유지하되 샤시와 문틀은 제거하여 차후 추가 철거가 되어야 할 부분을 고려하여 철거를 진행한다. 공간 디자인의 세부적인 디자인과 설계를 위하여 기본 철거 후 현장에서 정교한 실제 측량이 필요하다.

기와 보수

기와지붕 보수공사는 지붕에서 발생하는 문제점을 정확하게 진단하여 시행하여야 한다.

기와 보수 전과 후

용마루 교체 전과 후

멋스러운 우리나라 전통 기와로 잘 건축되어 있는 건물이지만
1) 상부 기와와
2) 방수공사 그리고 지붕을 받혀주는
3) 하부 서까래를 함께 보수해줘야 한다.

세월에 장사 없듯 노후화된 기와에 균열이 가거나 떨어져 나가는 바람에 심각한 '누수' 문제가 있었고, 외관상으로도 매우 부적합한 상태이다. 작은 통로가 연결되는 기와의 측면 공간에는 부서지고 빛바랜 서까래가 동적이며 입체적인 정취를 만들어 준다.

1) 상부 기와 보수

위의 기와와 같이 오랜 세월을 유지한 경우, 외부에 노출 시간이 오래되어 표면에 부식이 심하고 약한 충격에도 가루처럼 부서져서 내구성이 약해진 경우는 유사 형태의 기와로 대치되어야 한다. 기와가 흘러내리고 비가 새는 곳이 있다. 흘러내린 기와는 다시 맞춰준 후 폼으로 고정시켜주고 비가 새는 곳은 기와를 걷어낸 후 방수시트를 깔고 다시 기와를 재 잇기 해주면 된다.

비록 공사의 과정은 힘이 들어도, 틀어지고 변형된 옛 기와들의 모습이 다함께 만날 수 있는 공간에 새로운 모습으로 재현될 시점을 생각하면 때로는 기쁨이 배가 된다.

2) 누수 방수 시트 공사

건물이 노후화되면서 미세한 균열이 생기고 미세한 균열은 시간이 지나면서 점점 물길을 만들어 지붕 누수를 유발한다. 최근에는 지속적인 방수를 위해 기와를 철거 후, 합판으로 보수 후, 누수 방수시트를 시공한 후, 다시 기와를 재설치하는 공법이 많이 활용된다. 이렇게 방수 시트 시공을 하면 수명은 10년 이상 반영구적인 사용이 가능하기 때문에 가성비 면에서 매우 우수하다.

지붕 누수가 발생하고 있어 그곳을 모두 방수시트로 마감하고, 용마루 부분도 방수시트 시공 후 다시 기와와 용마루 기와를 올려 고정한다. 차후 외벽 디자인을 고려하여 물받이의 경사와 위치의 선정도 매우 중요하다.

정리된 기와 틈 사이로 산들바람이 회색 지붕과 파란 하늘 사이를 살며시 지나간다. 기와를 지키고 있는 배롱나무 위로 여름 하늘이 기와를 흔들어 놓고 간다.

3) 하부 서까래와 회벽 보수

지붕의 상태를 살펴보니 목재가 오래되어 틀어져 지붕의 무게를 견디기가 어려운 상황이다. 부분적으로 나무를 새로 바꿔주고 그 위를 흙으로 덮어준다. 이렇게 해야 겨울에는 따뜻하고 여름에는 시원하기 때문에 기와지붕공사를 할 때 전문가들의 손길이 필요하다. 기와를 보수하는 팀과 하부 목 작업을 보수하는 팀이 분리되어 공사를 진행하며 하부를 먼저 보수하여 충분한 지지를 만들 필요가 있다.

서까래와 추녀는 지붕을 지탱해 주는 역할을 하기 때문에 하중을 고려하여야 한다. 서까래의 수가 많을수록 지붕의 무게를 더 잘 지탱해 준다. 서까래에 문제가 생기는 경우 지붕 겉을 덮고 있는 기와 사이로 물이 스며들어 썩는 경우가 가장 흔하다. 직접적으로는 서까래가 지붕 무게를 감당하기에 부족한 규격으로 부실 설치가 된 경우도 있고 잘 설치되었더라도 건물의 다른 변형에 영향을 받아 두 부재가 틀어지거나 처지고 오랜 시간이 지나면서 파손되고 부식되기도 한다. 또는 과도하고 길고 넓게 설치되어 서까래가 썩고 부러지기도 한다. 기와집을 보존하여 사용할 경우 서까래와 추녀는 지붕을 지탱해 주는 역할을 하기 때문에 반드시 보수작업을 해주어야 한다. 서까래의 상태를 살펴보니 목재가 오래되어 틀어지고 부식되어 지붕의 하중을 고려하여 보수와 교체가 동시에 필요하다.

기와의 겨울철 동파로 틈이 생기거나 기와 설치 시 흙이 부실하게 시공되는 것도 서까래에 문제를 초래하기도 한다. 황토는 기와를 잡아주는 역할도 하지만, 단열과 습도 유지를 도와 나무가 썩지 않도록 도와주는 기능을 갖는다.

본 현장의 경우 서까래 상태가 매우 좋지 않아 직접적인 목재의 보강이 절실히 필요하다. 지진에도 회벽이 떨어지지 않도록 폼본드로 압착해서 나무 사이사이를 3미리 합판을 두 번 붙인다. 파손된 서까래를 부분적으로 교체를 하고 지붕을 견고하게 지탱할수 있도록 시공한다. 서까래와 외벽 보수공사는 건조시키고 다시 샌딩 하고를 여러 번 반복해서 완전히 건조 시킨 후에 서까래를 샌딩 한 후 도장하는 작업이 진행된다.

공사는 항상 현장의 상황을 고려하여 적절한 처방을 해 주어야 한다. 오래된 삶의 모습처럼 더 많은 그리고 배려로서 공사가 진행되어야 더 나은 모습으로 재현될 수 있다.

기둥과 대들보의 원목을 재생하기 위해서 화학약품을 여러 번 칠하고 샌딩하며 목재의 속 표면이 자연스럽게 노출되도록 기초 작업을 충분히 진행 한 후 보호 도료로 마무리한다.

천장 서까래를 노출하고 회벽 미장을 할 경우 전통 한옥의 아름다움을 느낄 수 있다. 기존의 회벽 대신 백색의 테라코타를 시공하면 접착력이 매우 우수하며 회벽의 느낌도 살릴 수 있다. 오래되고 틀어진 나무들이 하얀 캔버스 위에 그 자태를 뽐내기 시작한다.

설비

정화조 오수 연결 배관 공사

건물 진입로에 정화조가 위치하여 기와집과 축사 사이로 배관을 연결하여 진행한다. 오른쪽 끝부분에 위치한 재래식 화장실은 차후 외부용 남, 여 화장실로 개조한다.

입구 정화조에서 건물 끝까지 배관을 길게 해야 하기 때문에 배관의 기울기와 구배를 잘 맞춰서 연결한다. 정화조에서 걸러져 나온 하수와 생활하수가 도로에 있는 합류식 하수관으로 흘러 들어갈 수 있도록 기울기를 주

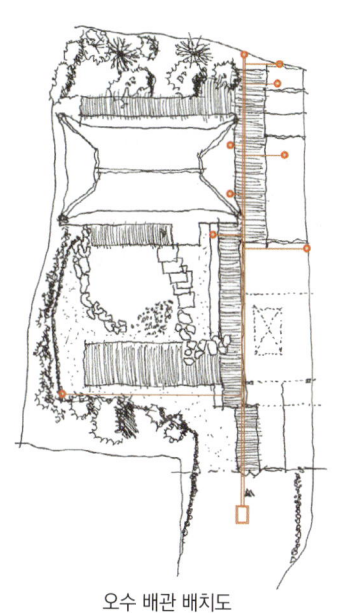

오수 배관 배치도

면서 PVC 관을 연결한다. 상수도관은 정원의 수돗가와 마당의 수돗가를 위해 두 방향으로 연결하여 공급한다.

정화조와 생활 하수관 중간에 오수받이 트랩을 설치하여 정화조의 냄새가 생활 하수관을 타고 올라가지 않도록 한다. 오수받이 트랩은 소형 맨홀로 시공하여 마무리한다. 커피를 판매하는 휴게 음식점(주택에서 근린 생활 시설로 용도 변경)인 경우 유수분리조의 설치가 필요하다.

모든 배관을 연결하고 상부 마감 (화산석) 두께를 제외하고 흙을 넣어 마무리한다. 배관이 흙 아래에 있는 관계로 장비가 아닌 물다짐을 해서 배관 주변에 빈공간이 충분히 다져지도록 한다. 배관 공사 후의 모습이 애처롭기만 하지만, 특별히 가공되지 않은 주위의 재료만으로도 옛 감성을 느끼기에 충분하다. 변화하는 것은 단순히 형태만 변한다는 것이 아니라 우리가 느끼는 환경 그리고 우리에게 큰 영향을 주고 있는 자연 재료 하나하나임이 틀림없다. 멀리 푸른 하늘 아래에 변화하는 전통 건물의 옛 모습이 어제와 같은 모습으로 살포시 앉아 있다.

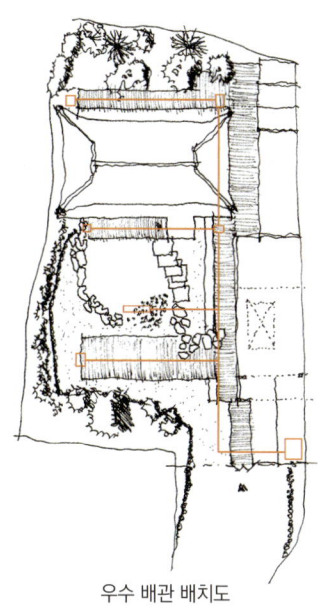

우수 배관 배치도

우수배관 공사

건물 지붕과 마당에서 발생하는 빗물이 배수가 잘되도록 하기 위해서는 건물 4면에 기본적으로 우수 집수정 맨홀을 설치한다. 포크레인이 수평을 맞추어 땅을 파주면 2인 일조로 우수관을 연장해 나간다. 200미리 이중 벽관을 준비한다. 우수 배관으로 모여 나온 빗물은 U형 측구로 흘러가게 된다. 그리고 기와지붕에서 흘러 내린 빗물은 기와 상부에 설치된 우수관을 통해 흘러내려 우수 집수정에 모이도록 100 미리 PVC 파이프를 미리 설치해 준다.

정상 수도관을 연결하여 각 건물 내부의 원활한 급수를 돕는다. 건물 외부는 산에서 내려오는 기존 마당의 식수 관 (정원 돌담 위로 부동 급수전

자연을 품은 나의 집 만들기

설치)을 연결하여 정원 주변의 생태계에 원활한 급수를 돕는다. 흙 속에서 수직으로 뻗어가는 파이프의 모습이 우렁차게 느껴진다. 오래된 흙 속, 좁고 호젓한 공간이지만, 서로 소통하고 보듬고 정을 나누며 자연의 순환을 위해 살아가는 늠름한 모습을 보여 주고 있다.

수도와 연못 트랜치 설치

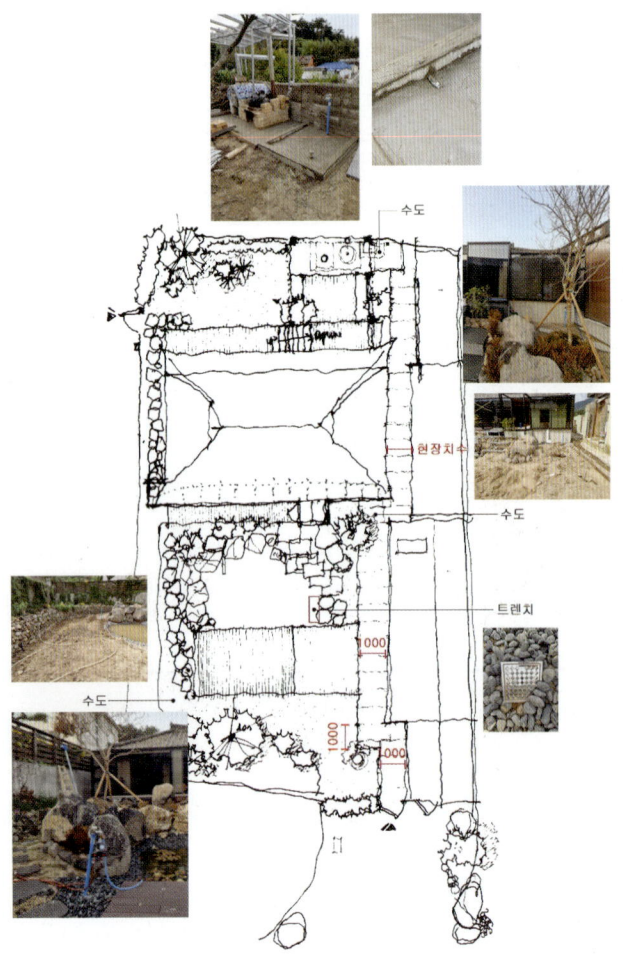

오색약수가 산에서 흘러들어 수도를 통해 연못으로 나오면, 어느새 집 앞마당에서 느껴지는 향수, 연못의 석재 사이로 피어오르는 아지랑이, 매끈하고 눅눅한 흙바닥, 햇빛 아래로 선명해진 아침햇살이 평온한 계절의 아름다움을 펼쳐 가고 있다.

건물 내부 구조 보강

건물 외벽 철거 후 내부 구조 보강 전과 후

오래된 주택이나 기와집일 경우, 건축물의 충격을 덜 주기 위하여 무조건 벽을 한번에 철거하는 방법보다 컷팅기로 양쪽 면을 컷팅 후에 프레카로 살살 그 자리만 철거하는 방법으로 진행된다. 인건비도 많이 들고 공정도 어렵지만 건축물에 손상을 덜 주기 위하여 이렇게 수작업으로 하는 방법을 권장한다. 벽체 하나하나를 수작업으로 기둥까지 맞추어서 철거하고 그 자리에 보강을 한다. 바닥 철거 후 평평하게 다진 후 기둥 보강 아시바 받침 시공을 진행한다.

특히 공정을 진행하다 보면 무너질 수도 있기 때문에 아주 오래된 구조물을 안전하게 받침하고 보강해야 한다. 마치 기와 끝에 작은 이슬방울들이 떨어지지 않도록 조심스럽게 보강해야 한다. 직진과 빠름을 최고의 선으로 여기지 않고 주변을 살피고 느릿느릿 만들어 가는 곳이다. 굵은 빗방울에도 흔들리지 않고 살랑대는 산바람에도 움직임이 없도록 공간 내부에서의 관계도 중요하다. 결과만을 중시하고 효율과 능률을 만드는 것도 중요하겠지만, 세월이 쌓인 모습과 향토적 서정이 깊은 단순한 미 이상의 미학이 담겨있다.

상단인 기와의 하중 무게로 연결보가 틀어지거나 내려앉는 경우는 수평에 기준을 맞추어 더 틀어지지 않도록 경첩으로 연결시켜 보강한다.

기둥과 보의 결합 구조가 끼워 넣은 개량식 구조인데 무게를 지탱할 기둥의 두께가 작을 경우 별도의 기둥 보강이 필요하다. 보강 공사는 아연도 강관 각 파이프를 사용한다. 하중을 이겨낼 수 있는 두께 4.5t 보강용 강관 파이프로 보강한다. 기둥과 횡보 상량보 등 보강공사가 이루어진다. 녹슬지 않는 각 파이프 아연도 각관으로 커팅과 용접을 한다. 지붕 중앙의 하중이 무거울 때는 아연도 각관(100×100×3.8T)으로 하중을 견디는 보강공사를 진행하기도 한다.

부서지고 틀어지고 꺾여진 틈새 사이로 나무도, 금속도, 서로의 역할을 다하기 위해 최선을 다하고 있다. 오래된 기둥은 끈끈한 관계를 맺어온 지나간 사람들의 세월이 쌓인 것이다. 주름살은 세월의 자국, 사람마다 주름살이 다르듯 건물마다 역사와 문화, 생활방식이 달라 기둥과 처마의 모양이나 그 관계도 다르다. 때로는 금속과 같은 인공적인 재료도 알싸한 깊은 맛은 없지만 중독성 있는 감칠맛을 만든다. 단순한 미 이상의 미학이 담겨있어 자연 속 즐거운 풍경을 함께 만들어 간다.

커튼 월 공법

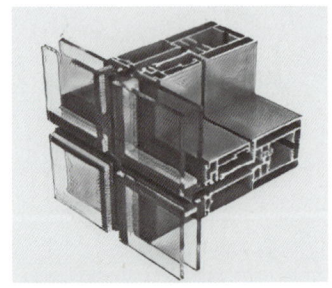

커튼 월(Curtain Wall)

커튼 월은 건물의 하중을 부담하지 않는 비내력벽의 총칭으로 통상 건물의 외부를 금속재, 유리, 석재, 패널 등을 사용하여 구성하는 막벽 또는 달아매는 벽을 의미한다. 커튼 월은 외부의 비와 바람을 막고 소음이나 열을 차단하는 기본 기능 외에도 공기단축, 경량화, 고성능 등의 특성을 갖고 있다. 최근에는 다양한 소재와 공법이 개발되어 초고층 건축에 많이 활용되고 있다.

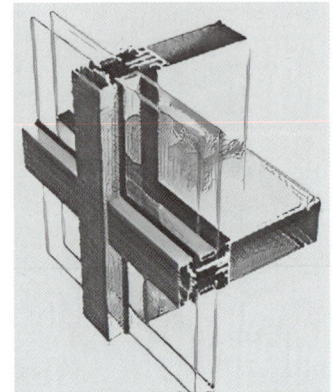

커튼 월 공법

커튼 월 공법을 사용 시, 기존 철근과 콘크리트로 벽을 시공했을 때와 달리 벽의 두께가 감소하는 만큼 내부의 활용 공간이 늘어나고 외장 건축 설계 시 디자인 선택의 폭이 굉장히 넓어진다. 건식공법으로 공장에서 생산하는 부재를 현장에서 조립하는 공정으로 진행되기 때문에 공기를 단축시킬 수 있는 장점이 있다. 알루미늄보다 스틸형 커튼 월이 다양한 입면의 패턴을 설계가 가능하며, 공기를 단축할 수 있고, 다양한 형태와 넓고 시원한 시야 확보가 가능하다. 특히 이 건물은 공기를 단축시키고 공사비를 줄일 수 있는 스틸형 커튼 월로 건축물의 외관을 미려하게 해주는

프레임 없는 판유리 커튼 월 공법을 활용한다. 위의 첫 번째 디자인을 활용하여 기와와 투명한 반사 유리가 잘 조화될 수 있도록 디자인한다. 특히 이 현장의 디자인을 고려할 때, 전통적인 재료(기와, 흙, 돌 등)와 현대적인 재료(유리, 금속 등)의 강한 물성을 혼합할 때 재료적인 조화가 우선되어야 한다. 예를 들어 전통 기와와 현대적 투명 재료인 유리를 혼합하여 전통성을 부각시켜 더욱더 강조할 수 있다.

전면 유리를 통한 실내에서 외부로의 시야 확보는 공간의 확장성을 보여준다. 공간 속의 자연 조경을 열린 공간으로 연결하여 탁 트인 전망을 선사한다.

커튼 월 시공 절차

외벽을 구성하기 위하여 하지 철물(수직, 수평 각 파이프)을 만들고, 스틸 구조가 하중(자중, 풍하중, 지진하중)을 견디도록 시공한다.

이 현장은 바닥 슬래브를 고정하기 위하여 하지 철물과 조립식 파이프를 사용하여 볼트로 고정한다. 적용된 조립식 파이프 하지 철물은 용접이 없이 볼트로 고정하여 화재 예방이 되고, 공정을 줄인다.

전면부 커튼 월 창호 설치 후 상부 유리를 설치한다. 사용되는 유리는 열 손실을 방지하기 위해 이중 유리나 열선 흡수 유리를 사용한다.

구조 코킹으로 마감하여 방수작업을 진행한다. 커튼 월의 금속 프레임과 서까래의 목재 이음새 부분은 목재의 오래된 변형으로 연결 부위에 많은 신경을 써야 하며 최종 금속으로 두 재료를 감싸서 연결 부위가 보이지 않도록 시공해야 한다.

서까래를 이고 있는 듯한 전면의 커튼 월이 많이 힘겨워 보이지는 않지만, 반사된 유리의 표정이 지나온 세월의 흔적을 말해준다. 오래된 집이 몸이라면 오래된 담을 비춰주는 유리 벽 역시 그 공간의 얼굴이다. 집 구성요소 중에 제일 바깥에 자리 잡아 바깥세상을 보고 듣고 바깥세상과 끊임없이 소통한다. 하늘의 변화와 주변 자연의 움직임이 커튼 월의 유리에 반사되어 또 하나의 자연을 만들어 가고 있다.

바닥

현무암 판석

순서는 콘크리트 타설, 전기 케이블 인입, 현무암 판석 시공의 순서대로 진행한다. 콘크리트 타설 후 모르타르로 미장하여 마감된 바닥 위에 현무암 판석을 시공한다. 우선 하지 작업인 거푸집 제작 후 콘크리트 작업에 레미콘, 철근, 펌프 카가 필요하다. 콘크리트 작업 후 그 위에 보통 30T 정도에 500×500 현무암 판석을 사용하여 시공한다. 우수가 석재 데크

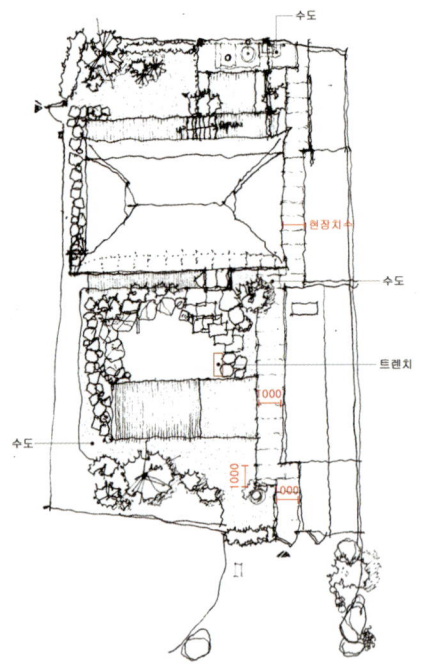

에 영향을 주지 않도록 배수 계획도 잘 고려하여 시공한다. 건물 쪽이 높고 외부로 멀어질수록 낮아지게 해서 자연배수가 이루어지게 한다. 실을 걸어서 기본 라인 작업을 먼저 해주고 외부에서 건물 부 쪽으로 역작업을 하면서 들어간다.

수도 계량기 주변이 약하거나 낮을 경우 별도의 높이 보강이 필요하다. 콘크리트 타설 후 철판을 제작하여 덮개를 만든다.

바닥 석재 데크 작업 전 단계에 전기배관의 설치가 필요하다. 바닥 마감하기 전에 미리 필요한 전기배관들과 통신 배관을 도면에 명시된 위치에 준비해 놓는 작업이다. 추후 배관에 전선을 인입하거나 미리 설치해 놓은 전선을 사용하게 된다. 바닥 석재 데크 작업 후 줄눈 작업을 하고 최종적으로 모서리 부분은 백화 현상을 줄이게 돌출부 하단에 석재용 실리콘 작업을 해 준다. 그리고 모든 모서리 부분은 그라인더로 면취 작업을 해주어야 한다. 화려하지 않은 자연의 재료들이 함께 만나서 심미적으로 가장 아름다운 패턴을 만들어 가고 있다. 잔디, 나무, 돌이 각자의 모습인 녹색, 밤색, 옅은 회색의 모습으로 섬세하지는 않지만, 투박하게 자연의 신비로움을 함께 만들어 간다. 잔디에게 자리 내준 오랜 옛터인 마당은 생명과 자연을 존중하고 자연과 더불어 살아가는 공존의 교훈을 알려준다.

데크 시공

데크의 자재는 주로 목재를 사용하지만, 내수성이 높고 빛에 너무 쉽게 바래지 않도록 보호 도료를 사용하여 변색을 막고 오랫동안 유지하도록 주의해서 관리해야 한다. 최근에는 수지와 나무의 혼합이나 목재의 결점

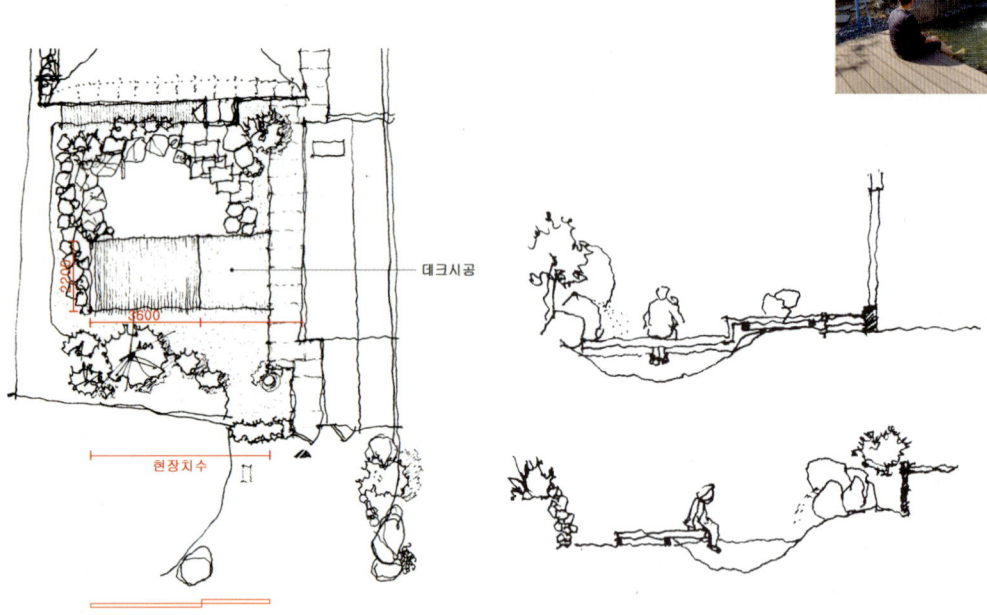

을 보완한 제품들이 많이 있다. 목재 이외에도 스틸이나 스테인리스, FRP 등의 합성 소재들이 있다. 방수 처리는 물론 내구성이 매우 좋아 응용하여 사용하면 다양한 질감의 형태도 표현 가능하다.

데크의 크기와 위치는 주변 자연의 경계와 소통을 고려하여 디자인한다. 예를 들어 연못의 가장자리를 둘러볼 수 있고 정면에서 물의 흐름을 관찰하고 데크 모서리에 앉아 발을 담글 수 있게 하려면 데크의 크기와 위치는 매우 중요하다. 데크의 높이는 연못의 수위와의 높낮이를 고려하여 디자인한다. 데크에 앉았을 경우 충분히 발이 적셔질 수 있도록 높이와 위치를 고려해야 한다. 하늘을 바라보며 산속의 옹달샘에 살포시 발을 담고 여름의 한낮 정취를 감상하기에 충분하다.

내구성과 내수성이 우수한 합성목재 클립형 데크 시공방법은 각관을 50×50×2.1T를 사용한다. 합성목재는 목분과 고분자 수지를 고온고압에서 합성하여 생산하는 목재이기 때문에 수축과 팽창을 하며, 수축과 팽창을 해도 문제없도록 데크재 사이 옆면 간격 2~5mm, 절단면 간격 5~8mm를 둬야 한다. 합성목재 데크 시공의 시작은 아연 각관을 재단하고 용접하는 하지 작업으로 하게 되며, 흙바닥인 경우에는 주춧돌 기능을 고려해야 한다. 데크시공 하지 작업 시 유의할 점은 첫째 멍에 간격 1500mm이내, 데크재가 연결되는 부위는 장선을 2개 연달아 놓는 이중장선 설치하고 수평 레벨이 맞는 지 체크해야 한다. 기초석을 심는 기초 작업일 경우, 멍에 높이가 낮으면 하스너만으로 높이를 맞추고 멍에 높이를 올려야 되면 아연각관으로 높이 조절을 해서 맞춰준다. 140×20T를 시공하기 위해 멍에 간격을 1000으로 그리고 장선 간격을 300으로 잡고 하지 작업을 한다.

합성목재 데크 시공 방법에는 데크재 위에서 부터 하지 아연각관까지 피스를 박아 고정하는 피스시공과 데크재 옆에 난 홈에 알루미늄 클립을 끼워서 고정하는 클립 시공이 있으며, 이 현장에는 외관상 보기 좋고 빠른 시공이 가능한 PE클립으로 시공을 진행한다.

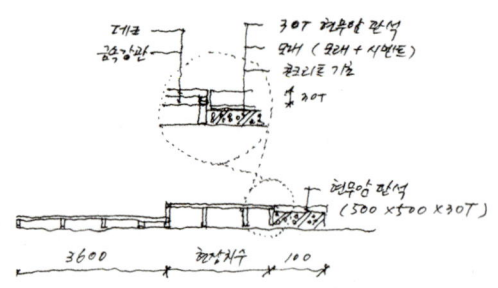

다른 바닥 재료와의 연결 시공이 있을 경우 데크와 타 재료 간의 높낮이를 맞추기 위해 각관의 높이 조절이 매우 중요하다. 각관 위 데크와 콘크리트 타설 위 현무암 판석의 연결 시공일 경우의 상세도이다. 데크 마감과 현무암 판석 마감이 연결되는 부분은 가능한 높낮이 차이를 줄여야 한다. 서로 다른 모습의 마감들이 모여 또 하나의 수평 공간을 만들면 정원 위를 걷는 다양한 촉감을 걸어서 느낄 수 있다.

디딤돌 시공

현무암 부정형 디딤석은 보통 잔디 라인보다 조금 높게 잡아주는 것이 좋다. 시공 이후 사용 중에 점점 밑으로 침하 될 수도 있고 장마철 등 비가 많이 오는 날에 물이 고이는 현상이 발생할 수 있기 때문에 디딤석을 높게 고려한다. 아담한 정원을 앞에 놓은 지극히 소박하고 단순한 디딤돌은 무척 다정다감하고 따뜻한 느낌이 든다. 디딤판의 크기가 클수록 더욱 시원하게 느껴지는 경향이 있고, 불규칙하고 조금 울퉁불퉁한 것이 정원 느낌의 자연스럽고 고급스러움이 느껴지는 모습이다.

잔디 시공

어느 한 부분이라도 움푹 들어간 곳이 없도록 레이크 등으로 평탄작업을 한다. (집수정을 향해 보이지 않을 정도의 경사를 줘서 비가 오더라도 바로 집수정으로 빗물이 빠져나갈 수 있도록 한다.) 토양층에 토양개량제와 복합비료를 뿌린 후 섞어 준다. 이렇게 잔디를 심을 때 토양층에 주는 비료를 기비라고 한다. 토양개량제나 부숙톱밥은 충분히 준다.

디딤돌을 놓을 경우 이 과정에서 적당한 위치에 놓고 잔디를 심은 후 레벨과 맞춰준다. 잔디를 심을 부분에 옮겨 놓고 잔디의 두께를 고려하여 평탄하게 잔디를 펼쳐 놓는다. 잔디를 모두 펼친 다음 모래를 준비하여 2cm 정도로 포설하고 면을 평탄하게 해준다. 롤러나 발로 잘 밟아 준 후 표층까지 물이 스며들도록 충분히 관수를 해준다.

지난겨울 힘겹게 생명력을 키워왔던 잔디도 어느새 봄기운에 눌려 새얼굴을 보이기 시작하며 생명의 태동을 알리고 있다. 초가을 잔디밭에 누워 따가운 햇살을 감상하고 낙엽이 쌓인 잔디 위로 눈을 들어 하늘을 올려다보면 수채화의 현란한 하늘 빛깔이 잔디의 소중함을 더 느끼게 한다.

외장

복층 폴리카보네이트 외벽 시공

기와집의 오래된 건물 외벽을 복층 폴리카보네이트로 리모델링한다. 외부 목재의 자연감을 살리기 위해 사용된 제품은 복층 폴리카보네이트 12mm 두께의 투명 색상 제품이다. AL/PC 커넥터를 사용하여 연결하는 폴리유를 사용하고 외부에 몰드가 노출되지 않도록 매끄러운 입면으로 시공한다. 오랜 시간 자외선을 차단하여 황변화를 방지하는 내구성 있는 UV 코팅 제품을 사용하여야 한다. 천연 목재 위에 목재의 아름다움을 항상 바라볼 수 있도록 투명한 모습의 재료가 만들어진다. 무엇보다도 재료의 투명한 특성 때문에 건물의 천정이나 벽면에 적용하면 자연광을 투과시켜 주어 천연 목재의 아름다움을 연출할 수 있다.

시공방법

알루미늄관 안에 패널과 같은 소재로 만들어진 폴리 연결관을 삽입하여

하지 각관에 고정한 후 패널을 끼워 넣는 시공 방식이다. 알루미늄 각재로만 패널을 잡는 경우와 비교하면 훨씬 견고하고 안정적이다.

1) 하지 각 파이프 설치

하지 각 파이프를 패널 폭 간격에 맞게 설치한다. 패널을 설치할 테두리 부분에도 설치하며 모서리 부분이 있을 경우 코너바 설치를 위해 하지 파이프를 추가로 설치한다

2) 상하바 설치 (싱글벽체)

하지 각 파이프 앞으로 상하바 주바를 설치한다. 패널을 설치할 테두리 부분에도 상하바를 설치한다.

3) 폴리 연결관

폴리 연결관을 길이 재단하여 피스로 고정하여 설치를 준비한다.

4) 코너바 설치

모서리 부분에는 AL 코너 바를 설치한다.

5) 상하 보강바 설치

커넥터 설치 후 보강바를 폴리 연결관 사이 길이로 재단하여 폴리 연결관 사이에 끼우고 피스로 고정한다.

6) 창호 주위 상하바 주바와 보강바 설치

창호가 설치될 부분의 주위로 상하바 주바와 보강바를 설치한다.

7) 패널 재단 및 벤틸레이션 테이프 부착

패널을 재단하고 보호필름을 조금 벗긴 후 상하부에 벤틸레이션 테이프를 붙인다. 상부는 막힌모양의 테이프를 붙이고 하부는 타원형의 모양이 있는 테이프를 붙인다.

8) 패널 끼우기

패널을 폴리 연결관에 끼우고 우레탄 망치로 두들겨 끼운다(무색상 망치/보호재 사용).

9) 상하 가스켓 마감바 설치

패널 설치가 완료되면 패널에 붙어있는 보호필름을 제거한다. 패널 설치 중에는 패널의 보호를 위해 보호필름을 떼지 않는다. 패널과 패널 사이에 가스켓 마감바를 설치한다. 가스켓 마감바 설치 후 패널과 만나는 모든 노출 부위에 실리콘으로 처리한다.

정면에서 본 기와집의 모습이고 복층 폴리 카보네이트가 설치된 측면과 후면의 모습이다.

반면에 내부의 모습을 보면, 하얀 벽면과 천정 서까래의 나무들이 외부와 자연스럽게 연결된다. 내부와 외부가 대비되면서도 유기적으로 연결되어 하나의 자연 속 공간을 만들어 낸다. 다양한 재료가 자유로운 형식으로 새로운 변화를 모색하고 있다.

투명의 폴리유 패널들 안쪽으로 자연 목재의 모습이 희미하게 보인다. 브라운 색상의 나무색 톤의 건물 외피가 부드럽고 편안한 분위기를 연출한다.

축사

오래된 축사의 슬레이트 철거 후 상부의 자연스러운 목조 형태를 유지 보수하며 공간의 열린 벽체를 자연스럽게 노출해서 최소한의 인테리어 마감으로 구성한다.

축사 내부에서 정원을 근접하여 바라볼 수 있도록 최대한 조망을 위한 창의 크기와 위치 및 높이가 함께 고려되어야 한다.

벽체 외벽 시공

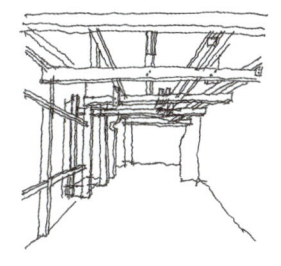 → 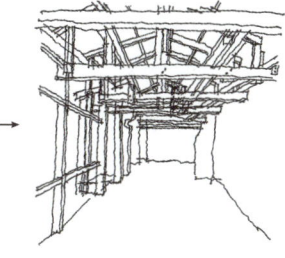 → 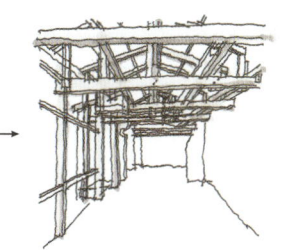 →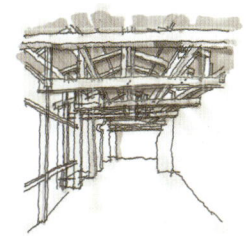

자연을 품은 나의 집 만들기

축사의 오래된 나무 구조물을 활용하여 외벽을 시공한다. 기존 벽면 골조에 추가의 골조 공사인 벽과 기둥을 세워서 여기에 천정을 올리는 방법이다. 천정은 경사가 있어서 목재를 구성하고 자르는 방법에 대해 벽면보다는 삼각함수에 관여한 복잡한 계산이 필요할 수도 있지만 일반 목수들은 실측을 하고 이에 따른 형태를 만들어서 현장에서 사용한다. 건물의 모든 하중이 결합 부위로 전달되므로 건물의 구조적 안정성을 가장 우선시해야 한다.

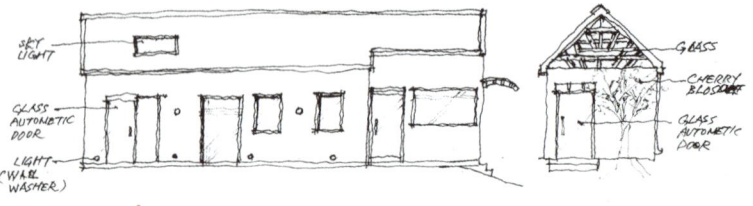

기둥 사이에 걸쳐지는 보는 대규모의 개구부를 형성할 수 있게 하며, 이러한 개구부는 벽이나 외부로의 조망을 위한 유리창 설치를 가능하게 한다. 측면의 생태 정원을 조망할 수 있도록 충분히 오픈 공간을 구성하고

따뜻한 햇볕이 부드럽게 들어올 수 있도록 천창(Sky Light)도 구성한다. 지붕을 위해 기둥과 보를 결속하고 서까래를 시공한다. 외벽에 단열재와 합판으로 최종 시공한다. 전기, 통신, 설비 등 공간에 필요한 기반 시설 등을 연결한다.

천정 합판 시공, 단열재 설치 후 징크 패널로 외부, 지붕을 마무리한다. 목조주택 기준 징크의 시공은 시트가 붙어있는 지붕에 물받이를 설치하고 돌출이음 판재를 시공한다. 그리고 용마루 부분에 시트를 제거 후 용마루 후레싱을 설치한다. 징크는 칼라강판에 아연 도장이나 코팅을 한 0.5T 제품이다. AL 징크는 알루미늄판에 아연 코팅이나 도색을 한 제품으로 0.7T이다. 오리지널징크(티타늄합금)는 대부분 수입 제품이며 도색이나 코팅이 아닌 아연과 티타늄과 알루미늄 등을 섞어 만든 제품으로 0.7T이다.

축사 공간 역시 기와집의 건물 외벽과 같은 복층 폴리카보네이트로 마감한다. 건물 간의 조화와 연결성을 고려하고 외부 목재의 자연감을 살리기 위해 투명 소재의 재료가 필요하다. 창호는 외부 마감 시에 함께 작업하며 외벽 방수를 위한 실리콘 작업에 매우 신경 써야한다.

자연을 품은 나의 집 만들기

5
내부공사

기초

설비

창호, 목공, 전기

타일, 바닥, 도배(도장)

가구, 조명

기초

바닥 시공 과정

기와집

바닥 철거 → 석분 채우기 → 수평 맞추기 → 기포(경량기포 콘크리트) 타설 → 보일러 난방 배관(XL 파이프) → 방통 후 바닥 마감 → 데코타일

축사

바닥 철거 → 석분 채우기 → 수평 맞추기 → Pe 필름 비닐(방습층) → 은박 단열 매트(5mm) → 와이어 매시 → 방통 후 바닥 마감 → 휘니셔(기계미장) 또는 하드너 (액상칼라) 마감

기와집은 방통(레미콘)으로, 축사는 바닥 단열을 하지 않는 관계로 수평 모르타르 시공을 한다. 수평 모르타르 시공은 레미콘보다 저렴하지만, 시간이 더 소요되는 단점이 있다. 단단하고 마감 면을 매끈하게 평 맞추기가 수월하다.

바닥철거 후에 석분을 채운 후 수평을 맞추는 작업이 우선시 되어야한다. 경량기포 콘크리트 타설 후에 4일~5일의 시간이 소요된다.

보일러 난방 배관(XL 파이프)을 시공 후에 시멘트와 모래를 1:5 정도의 비율로 섞고 보일러 배관이 살짝 보이는 1.5cm 정도의 높이로 덮는다. 난방 단열기준으로 60mm 정도 두께로 타설을 한 후 밀대를 사용하여 수평을 잡아주는 작업이 필요하다.

바닥 면의 평을 다진 후 물을 뿌려준다. 이렇게 1차 타설 작업이 끝이 나면 마감 시공에 적합하게 바닥 미장 작업을 2차에 걸쳐 진행을 한다.

자연을 품은 나의 집 만들기

축사의 경우, 바닥 난방이 불필요한 이유로 은박 단열 매트(5mm) 상부에 와이어 매시 설치 후 방통을 진행한다. 휘니셔(기계미장)을 사용하여 마감 작업을 진행한다. 콘크리트 하드너는 바닥에 침투하여 시간이 경과함에 따라 더욱더 단단하게 되며 콘크리트가 중성화되는 것을 방지하고 먼지 발생을 억제하며, 콘크리트 조직을 더욱더 치밀하게 만들어 준다. 콘크리트 면 갈이 작업 후 액상하드너 시공으로 완료한다.

액상하드너는 특수한 조성(변성 실리게이트 또는 변성 아크릴 등)으로 모체와 반응하여 콘크리트의 공극 사이로 침투하여 내마모성, 표면강도, 내약품성 및 분진 발생을 억제하는 시공 방법으로 타제품에 비해 월등히 경제적이며 시공이 간편한 제품이다. 회색의 콘크리트 바닥 위에 격자의 나무들이 더더욱 선명하게 모습을 드러내며, 시간의 거센 파도에도 묵묵히 단단함을 유지하고 버티며 십수 년 동안 전해왔던 정신과 이야기들을 잠시 동안 생각하게 한다.

설비

설비공사

전기, 설비는 사람으로 비유를 하면 몸속을 흐르는 혈관과 같은 기능을 하기 때문에 공정 하나하나 체크가 필요하다. 전기선이나 수도 배관은 벽체 안쪽으로 시공이 되기 때문에 정확한 위치에 큰 오차 없는 시공이 진행되어야 한다. 공간에 100mm 오수 배관과 75mm 배수 배관 작업이 잘

연결이 될 수 있게 작업 진행이 필요하다. 배수관은 크게는 세면대, 싱크대, 욕실 바닥, 베란다 배수관이며 각 위치에 잘 고정을 한 후 단열재를 사용하여 배관을 잘 감싸주어야 한다.

  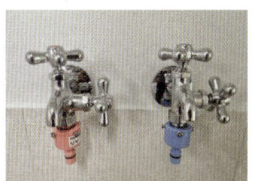

욕실 벽면에 배관과 온수 냉수 연결과 변기에 공급하는 라인도 위치에 잘 맞춰 설치를 해야 한다. 세탁실에 필수적인 냉·온수 라인을 설치한다. 이때 중요한 포인트는 바로 설치될 세탁기 높이에 맞게 고정을 해주어야 한다. 욕실과 다용도실, 세탁실 등 습기가 자주 발생되는 공간의 경우엔 환풍 배관라인을 미리 설치를 하여 나중에 곰팡이나 유해 물질들을 차단시킨다.

징크, 스테인레스, 폴리카보네이트 등 인공적인 재료들이 자연 속에서 작품을 만든다. 작품 속에 사용된 색이 많지도, 화려하지도 않지만 대비되는 색조의 절제된 사용으로 벽면에는 천연 목재만이 지니는 힘이 실려 있다. 스테인레스 환풍 배관이 빛에 반사되어 투명 재료 위에 무지개를 만들어 가고 있다.

전기공사

  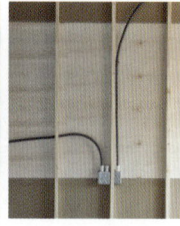

좌측은 세대 분전함이며 우측 아래는 통신함이며 전기 인입 라인 작업을 먼저 시작한다. 방 거실 등 각 공간에 1200mm 높이에 전등 스위치와 400mm 높이에 콘센트를 설치한다.

목구조 주택의 천정에는 각종 등을 설치할 전선들이 한옥의 천정 구조와 잘 조화될 수 있도록 노출 형태의 시공이 필요하다. 특히 천정 팬의 위치와 벽부 스위치의 위치도 고려한다. 주방의 독립 싱크대에 사용할 온·냉수 배관 작업과 전기 인덕션, 식기세척기, 후드 콘센트 전원, 주방 보조콘센트 등을 미리 바닥에 위치를 잡아 시공한다.

외부 정원에 필요한 조명, 폭포 및 정수 시스템 등에 필요한 각종 전기와 외부 콘센트 박스의 전기 공사도 함께 시공한다. 창고의 콘센트 박스는 열 교환 회수 장치의 전원을 공급해 주기 위해서 높은 곳에 설치가 필요하다.

창호, 목공, 전기

기본적인 골조가 세워진 후 창호가 먼저 세워지고 이후에 전기와 목공, 도배와 바닥 등이 진행되는 순서이다.

창호(시스템 창호)

창호는 다른 인테리어 부분보다 먼저 설치가 진행되며 모든 창호는 맞춤 제작으로 진행된다. 시공 현장의 실측이 매우 중요하며 개구부의 사이즈를 알맞게 측정해 주고, 현장 특징을 파악해 새 창호가 더 높은 효율로 잘 설치되도록 설계를 진행한 후 제작이 진행된다. 일부 업체에서는 창호 실측과 상담만 진행하고 생산 주체와 시공 주체가 다른 경우가 있는데 이런 경우 간혹 제품 설치 과정에서나 제품 시공 후에 문제가 발견되었을 때, 책임 소재라 불분명해 주의가 필요하다. 창호가 설치될 때 기본적인 창호의 문 여는 방식이나 분할 방식, 디자인 등에 대한 선택이 무엇보다도 중요하다. 창호의 컬러에 따라 인테리어와 아웃테리어 느낌이 달라지기 때문에 환경과 어울리는 디자인의 선택이 필요하다. 시스템창호는 단창으로 슬림하게, 또 고급스러운 디자인으로 공간의 분위기를 세련되게 만들어 준다.

시스템창호는 일반 창호에 비해 더 다양한 방식으로 열고 닫을 수 있도록 제작가능하다. 일반적으로 난간대가 필요한 미서기 창호 대신 한쪽이 픽스창으로 고정되어 있고 다른 한쪽이 열리는 디자인으로 개방감 있는 창문을 가져볼 수도 있다. 시스템창호의 고성능을 제대로 완성하기 위한 마지막 단계는 기밀 시공이다. 창호 전용 기밀 테이프와 폼을 사용해 정밀한 기밀 시공이 필요하다. 창호 시공 후 주변부 마감은 인테리어 공정에 따라 진행하면 된다.

목공 및 단열

벽을 세우고, 필요한 가벽을 만들고 천장과 바닥을 평평하게 만들어 내부를 원하는 대로 사용할 수 있게 하는 작업이 바로 목공 작업이다. 목공 작업을 진행할 때는 수평, 수직을 제대로 맞추기 위해 레이저 사용이 필수이다. 목공을 진행하면서 뼈대가 되는 외벽과 목공을 통해 만드는 가벽과의

접합 부위에는 공기가 순환할 수 있는 통로를 두는 것도 중요하다. 이 작업이 제대로 이루어지지 않으면 습기 때문에 곰팡이가 발생해 목공에 사용한 목재가 썩을 수 있다.

단열에 취약한 주택 수리에는 단열 작업이 매우 중요하고 난방 손실과 결로 문제를 잡으려면 외벽과 천장 단열의 중요성이 부각된다. 내벽은 1차 단열재 시공 후 스티로폼의 2차로 단열 보강하고 석고를 취부 한다. 모든 내부 벽체는 EPS 난연 75mm 단열재를 본드 접착 후 화스너 시공을 한다. 이음매는 모두 폼으로 충전하고 절단하기 난해한 부분은 연질 분사폼으로 대체한다.

벽체의 기능적인 부분도 중요하겠지만, 외벽과 내벽의 연결 공간과 외부와 내부와의 소통을 고려하여 시공을 해야 한다. 때로는 안과 밖이 서로 이해하며 바라볼 수 있는 풍경을 만드는 일도 매우 중요하다.

목공 작업을 진행할 때에는 원하는 형태대로 내부공사를 할 수 있는 틀을 만드는 것도 중요하지만 전기작업 등과의 연관성도 반드시 고려해야 한다. 예를 들어, 콘센트나 조명 그리고 스위치 등의 위치를 고려하여 배선해야 한다. 감춰지기 전의 모습도, 감춰진 후의 모습도, 만들어 가는 과정에서도 매우 인상 깊은 모습을 만들어 낸다.

간접 조명 박스의 위치와 형태를 고려하여 상부 천장과의 디자인도 함께 고려하여야 한다. 벽체에 설치될 선반의 위치와 커튼과 블라인드가 설치될 커튼 박스의 위치도 고려하여 합판의 취부가 결정된다. 특히 특수 조명을 위한 높낮이의 조절, 실링팬 등 천정 구조물의 별도 설치를 위해 목공의 이전 작업도 함께 진행되어야 한다.

전기

각 공간에 알맞은 전기 사용량을 점검하여 필요한 콘센트 및 조명을 증설하여 설치해야 한다. 천장 전체에 시공되는 큰 조명의 경우에는 흔들림 없이 고정되는 것에 더해 원래의 빛의 세기를 유지하도록 해야 한다. 사용되는 전기 배선의 굵기와 전기량을 잘 고려해야지만 원래 조명이 가지고 있는 빛의 세기를 계속해서 유지할 수 있다. 상시로 계속 켜두어야 하는 조명은 발열이 되지 않는 조명을 선택해서 매립형으로 시공을 진행해야 하고 천장에 삽입되는 형태의 매립형 조명은 보이지 않는 천장 내부를 통해 연결이 되도록 시공해야 한다. 배선도 엉키지 않도록 꼼꼼하게 작업을 진행하며 습기나 물기에 노출되는 곳은 없는지 확인하여 전기 연결 및 조명 설치를 시공해야 한다.

1) 임시전기 사용신청하기

가장 먼저 해야 하는 작업은 바로 전기 사용신청이다. 각종 장비들과 조명들을 작동시키기 위해 전기를 사용할 수 있도록 220V 콘센트를 마련해야 한다. 근처 전기를 끌어올 수 있는 전봇대에서 전선을 끌어와 콘센트함을 구성한다. 이 현장은 기존 세대가 사용하던 콘센트함이 있어서 현장 연결이 가능하다. 전기는 한전으로부터 승인을 받은 다음 계약한 기간 동안 임시로 전기 사용이 가능하다.

2) 벽체 기초공사 단계

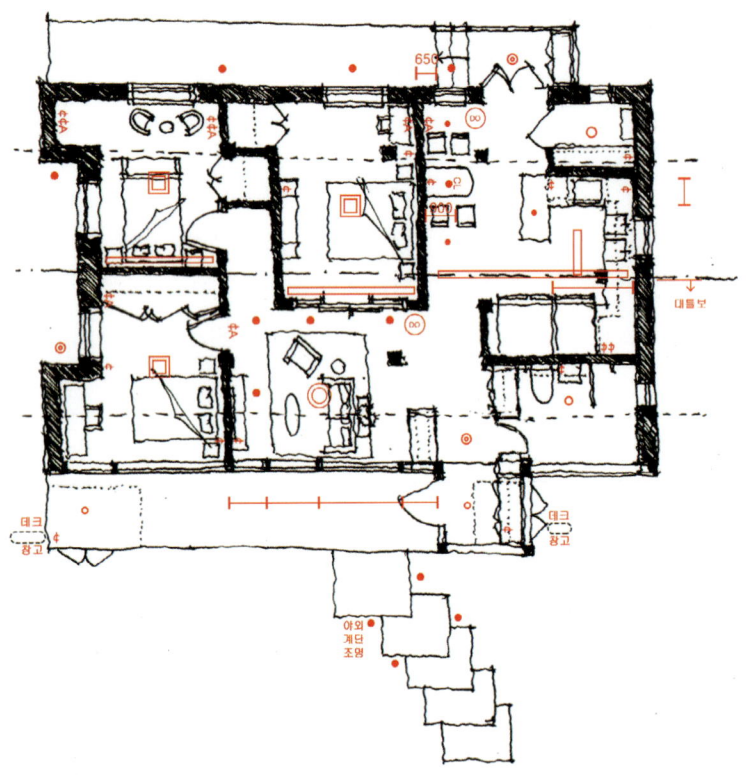

	표기	이름	상세 설명
1.	●	천정 매입등	직부, spot
2	▪	천정 노출등	펜던트
3	───	간접등	T5 LED
4	ℂ	콘센트	
5	ℂA	에어컨 콘센트	
6	DO	도어개폐기	

도면을 컴퓨터에 작업하기 전, 전기도면을 수작업 하는 작업은 공사금액을 고려하지 않고 새로운 아이디어와 다양한 생각들을 나열할 수 있는 즐거운 시간들이다. 즐거움을 만들 수 있는 공간을 생각하며 하나씩 줄여가거나 변화시키는 과정이 우리에겐 또 하나의 계획이며 선물이다.

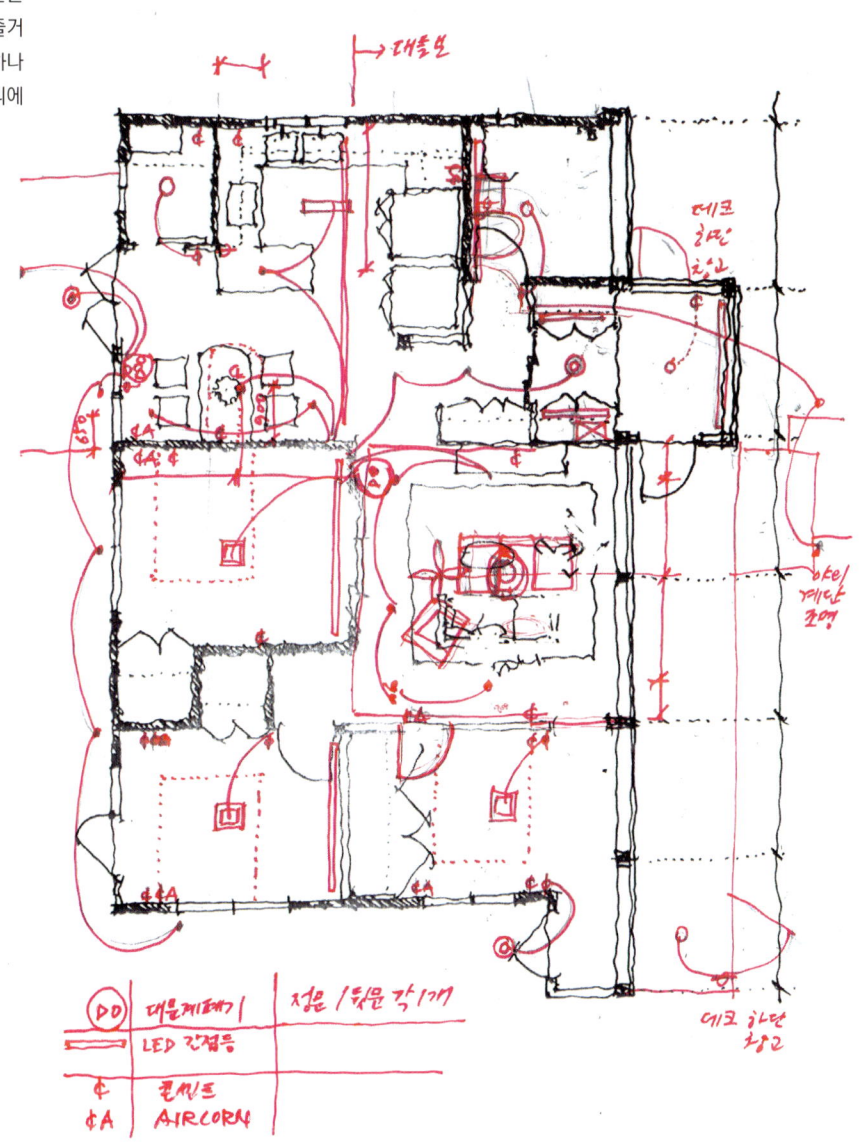

자연을 품은 나의 집 만들기 181

바닥 구성 후 벽체 공사 단계에 전기배관의 설치가 필요하다. 벽체 마감하기 전에 미리 필요한 전기배관들과 통신 배관을 도면에 명시된 위치로 준비해 놓는 작업이다. 추후에 배관에 전선을 인입하거나 미리 설치해놓은 전선을 사용하게 된다.

3) 배관공사 단계

벽, 천장의 골조가 완성된 단계에 전기를 사용하기 위해 콘센트와 조명, 조명 스위치 등의 위치 표시 후 시공한다. 벽면과 천장에 난연 CD 전선관과 전기박스를 설치한다. 배관 공사가 끝나면 벽면과 천장에 마감 공사가 진행된다. 배관을 넣는 작업에 주의하여 배관에 손상이 가지 않도록 설치하는 것이 핵심이다.

4) 내부 전등전열 입선 작업

내부 천장과 벽, 바닥이 마감된 단계이고 분전반에 조명과 콘센트마다 차단기를 설치하고 전기를 공급해 준다. 이 단계에서 실제 콘센트와 커버, 조명 스위치, 각종 조명 등을 설치한다. 어두웠던 지난 공사기간을 지나 천정 서까래 아래로 하나씩 불이 밝혀지기 시작하면, 공간 속의 모든 마감재들이 하나씩 얼굴을 드러내기 시작한다.

5) 계약전력 사용신청

전기 사용을 위해 한전에 전기 사용신청을 한다. 이를 계약전력 신청이라고 하며 통상적으로 기본 용량은 5kW를 신청한다. 만약 특별히 전기를 많이 사용하는 경우는 용량을 늘려서 신청하면 된다.

전기는 근처 전봇대에서 전선을 끌어와서 사용하며 노출인지 땅으로 매설하는지에 따라서 공사가 구분되며 땅에 매설하는 지중화 공사는 공중 노출보다는 깔끔하지만 유지 보수가 어렵고 비용이 많이 든다는 특징이 있다. 전기 도면을 준비하여 공사를 순차적으로 진행한다. 철 박스를 삽입하여 추후 전기로 인한 화재에 미리 대처한다. 모든 전기 인입관은 난연 소재를 사용해야 하며 입선 및 조인 작업 6구 분전반으로 회로 분리에 주의를 해야 한다. 전기와 조명, 그리고 에어컨의 배선을 별도로 설치하고 인터넷과 케이블 TV단자, 소방 인입선을 확인해야 한다.

타일, 바닥, 도배 (도장)

타일

타일의 시공 순서는 ① 타일 나누기 결정 → ② 벽타일 붙이기 → ③ 바닥 타일 붙이기 → ④ 양생 → ⑤ 줄눈(메지) 넣기의 순서로 진행한다.

바닥과 벽타일은 줄눈 라인을 동일하게 맞춰 시공해야 하며 바닥 타일 시공 시 가장 주의해야 할 사항은 바닥에 물이 고이지 않게 욕실 입구에서 바닥 배수까지의 물 구배가 잘 시공되어야한다. 거실, 주방, 방 등 바닥 타일 시공 후 타일 들뜸 현상을 발생하지 않게 하려면 관리가 필요하며 타일 작업 이후 2~3일 정도 양생 기간 동안 밟지 않아야 하며, 일주일간 보일러 가동 없이 자연 건조해야 한다.

바닥

마감 재료의 선택은 항상 실제 현장에서 자연 빛의 환경 아래에서 보아야 그 재료의 깊이를 찾을 수 있다. 자연채광이 없는 조명일 경우더라도, 실제의 재료들을 하나의 파레트 안에서 바라보는 것이 전체의 조화를 구성할 수 있다.

도배 (도장)

전통 한지가 벽지로 사용되면 한옥 기와 공간 속에서 숨어 있는 고목들과 함께 호흡하며 한옥의 정감 어린 정취를 만들 수 있다. 닥나무가 주원료인 한지는 우리 민족성처럼 강인하고 부드러우며 깨끗할 뿐만 아니라 은은하기도 하며 정감이 있다.

또한 투박하지만, 질감과 빛깔이 곱고 통풍이 잘되며 가벼워서 보온성과 통풍성이 아주 우수하다. 한지에 담긴 우리 조상의 슬기와 우수성은 그 생명력과 자연스러움으로 인공적인 환경 속에서 살아가는 현대인들에게 소중한 자연 유산임이 분명하다.

자연을 품은 나의 집 만들기

가구, 조명

기존의 가구들과 새로 구입한 가구들이 함께 모여 하나의 파레트를 완성하는 과정이 공간 속 새로운 조화를 만든다. 재료에는 완벽한 조화는 없지만, 어느 하나 얼굴을 낯설게 그리고 목소리를 키우지 않고 서로가 서로를 의지할 수 있는 재료의 조화가 중요하다. 자연은 말이 없다. 하지만 누구도 자연에 대해 불평하거나 평가하려 하지 않지만 받아들이는 느낌이 다르다.

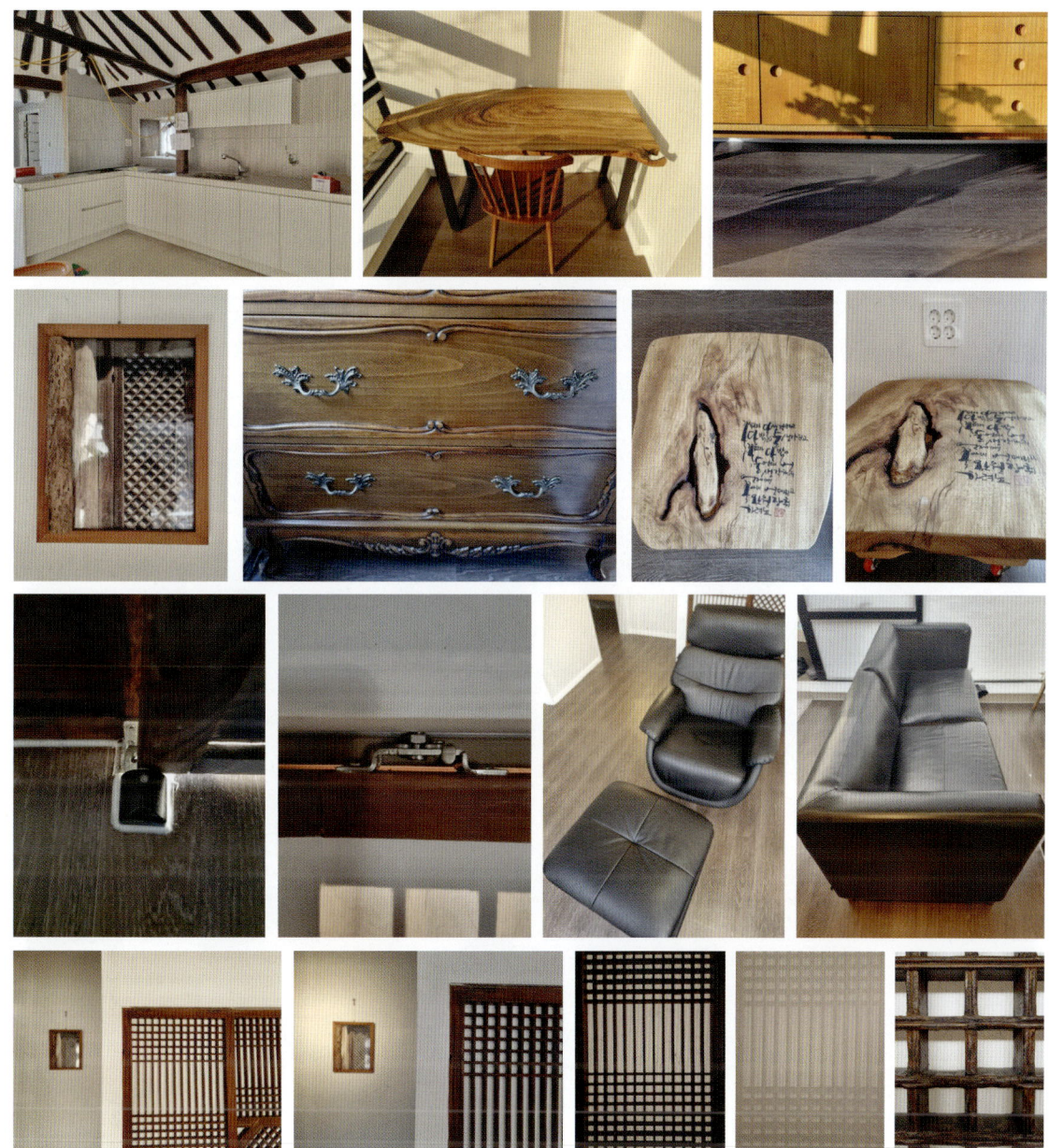

자연을 품은 나의 집 만들기

조명

공간 속 숨죽여서 마음을 밝혀주는 조명의 역할은 서로 다정하고 화목하고 은은함을 그리고 때로는 깊은 여운을 주면 좋다.

6
조경

기존 조경 정리하기
조경 디자인하기
컨셉 스토리
조경 공사하기

기존 조경 정리하기

기존 환경 조사하기

기존 정원의 사진

기존 정원의 수목 배치도

자연을 품은 나의 집 만들기

기존 정원은 다양한 수목들이 그 자리들을 함께하며 4계절의 특색 있는 모습을 가지고 있다. 북쪽의 담장으로 높이가 큰 수목들로 남쪽의 마당에는 담쟁이를 비롯한 다양한 식물군들이 자연 담장에 에워싸여 작은 숲을 조성하고 있다.

뒷마당에 단감나무 2그루, 동백나무, 양버즘나무(소금나무)가 있고, 담벼락 아래 주변으로 길게 올라오는 야생화인 상사화가 있고 앞마당에는 붉은 꽃들이 양탄자처럼 피는 동백나무, 담장 주변으로 10년 이상 오래된 아이비, 담쟁이와 옛날 고사리가 담장 주변을 메우고 있다. 작은 동백은 친구가 있는 뒷마당으로 옮겨 외로움도 덜하고 방풍림으로 역할을 할 수 있도록 재배치 할 계획이다.

뒷마당은 키 높이의 나무들이 군락을 형성하게 하여 부드러운 그늘의 공간을 만들고자 한다. 든든한 뒷마당의 역할과 대조하여 앞마당은 키 낮이 친구들인 야생화와 다년생 꽃들을 낮은 연못 주변으로 상생할 수 있도록 하여 옛 돌 담장과 어울릴 수 있고 옛정취 느낌이 나도록 만들어 준다.

자연을 품은 나의 집 만들기

오래된 전통 식물인 설설 고사리, 화려하지 않지만 가볍고 부드러운 민들레가 담장 속에 피어오르고 있다.

뒷마당의 오랜 친구이며 집터를 지켜왔던 야옹이 칙칙이도 그늘 아래 잘 지낼 수 있도록 하고 기와 주변에 많을 쥐들로부터 가옥 주변이 청결해질 수 있도록 한다. 혹시 외로울 수 있는 칙칙이에게도 청계의 닭들을 키워 서로 잘 지낼 수 있도록 할 예정이다. 닭의 변으로 양질의 좋은 토질을 만들 수 있고 건강한 계란과 고기를 얻을 수 있어서 좋다.

아궁이의 위치를 뒷마당에 만들어 4계절 기와 주변으로 풍미스러운 연기가 모락모락 피게 하고 앞마당에는 재즈 연주의 향연으로 많은 사람들이 모이게 하여 오래된 가옥이 다시 꽃 필 수 있게 한다. 정남향을 향한 정원 입구는 따뜻한 기운이 들어오게 하고 정원을 바라보는 옛 축사와 기와의 눈높이를 조절하여 아름다운 전경을 4계절, 24시간 느낄 수 있도록 함이 전체 자연 조경의 컨셉이다. 식물이 자연스럽게 뿌리 내리고 클 수 있도록 최대한 자연의 원리를 담고자 한다.

조경 정리 및 재배치하기

· 가지치기

가지치기 전과 후

· 정원 정리하기

정원 정리 전과 후

· 아이비와 담쟁이 연결하기

정원 재구성 작업 이전에 정원 디자인의 방향을 고려하여 아이디어 스케치가 필요하다. 다양한 컨셉에 따라 조경 식재가 달라질 수 있다. 우선 아래와 같이 전체의 규모와 형태 그리고 원하는 식재의 컨셉 설정이 필요하다.

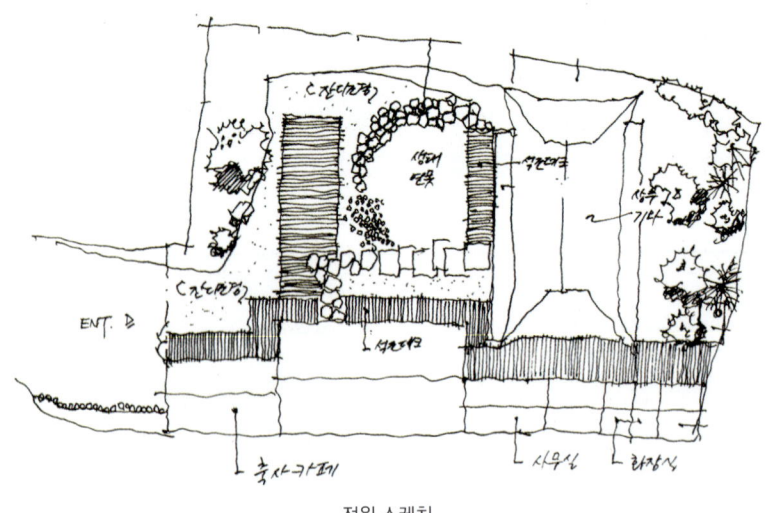

정원 스케치

조경업체로부터 기본적인 정원 조경 계획을 설명하고, 기본 견적을 받아 본 후, 업체의 포트폴리오와 작업 공정들을 확인한다. 제공 예정의 석재, 조경수들을 현장에 가서 확인한 후, 조경 계약을 체결한다.

조경 디자인하기

컨셉 스토리 Concept Story
현대식 기와집의 조형과 어울리는 조경 설계

커튼 월룩 (Curtain Wall) + 옛 고풍이 살아있는 전통기와 + 자연친화적 재료

 →  →

전통과 현대가 공존하는 공간속에 작은 정원 속 해변의 느낌

 +

아름다운 자연과 주변의 컨텍스트를 이용하여 한편의 시나리오를 만들어 공간에 존재하는 에너지의 기운을 살려 주어야한다. 멀리서 찾아 걸어가는 입구의 정취(백일홍 전망대), 차를 멀리하여 도랑 사이로 걸어오는 추억의 길(논두렁길), 오픈되어진 시골 마을과 입구(마을버스 정류소), 도심의 사라져가는 논과 밭 사이로 흘러가는 계절의 정취는 공간에서 공간을 연결하기에 충분하기도 하다.

밭고랑 사잇길을 걸으며 잠시 배나무(배나무 과수원)의 향기도, 도랑에서 흘러나오는 계단(돌계단 폭포) 아래 폭포 소리에 지나온 공간들의 감흥이 살짝 묻히기도 하지만, 어느새 계단을 올라가 처음의 위치로 가게 된다.

1) 주변의 컨텍스트 활용

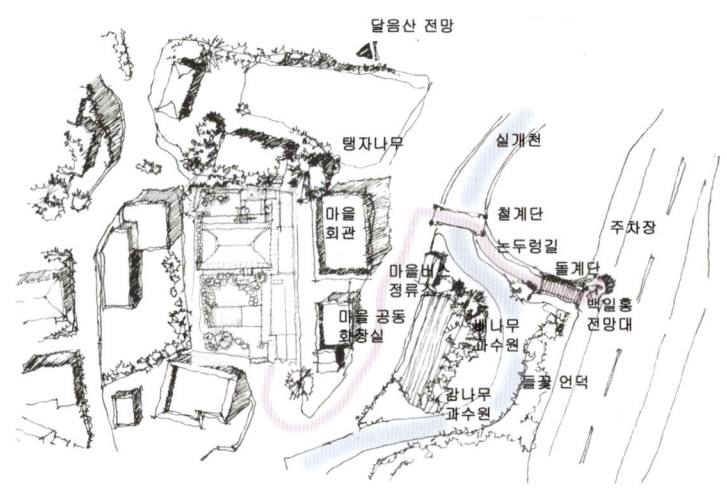

자연을 품은 나의 집 만들기

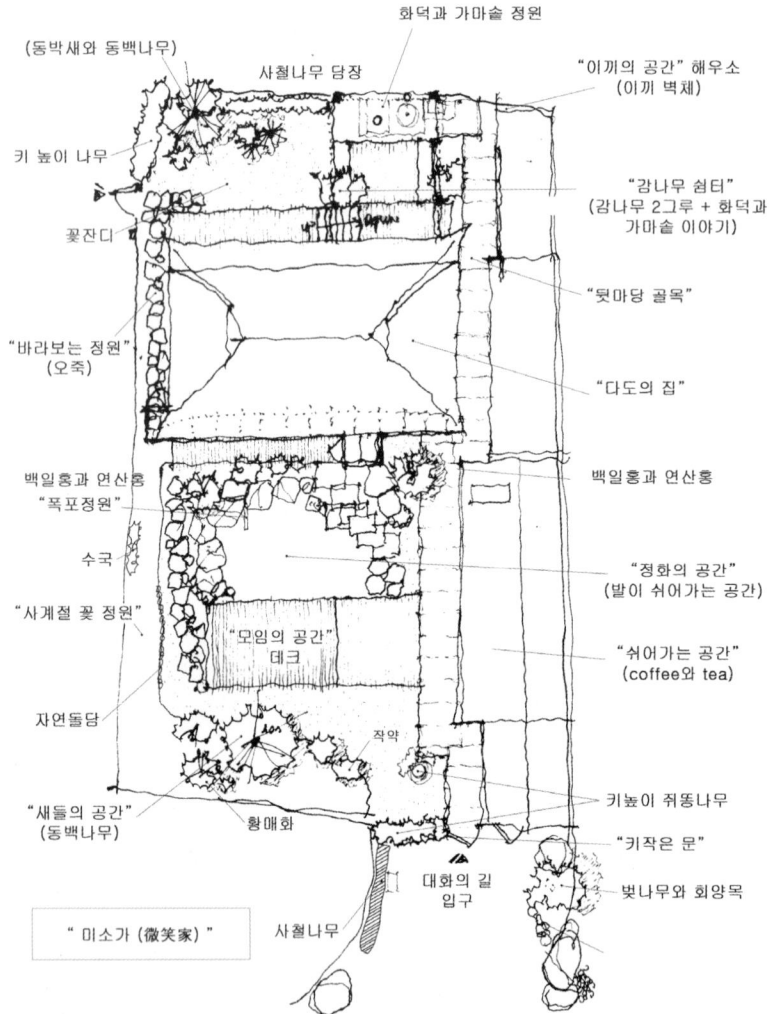

미소가 (微笑家)

작은 미소들이 길을 따라 항상 새로이 반겨주는, 자연 조경 속 자연과 대화하며 공간과 소통하는 길 (대화의 길). 공간 주변의 컨텍스트를 이용한

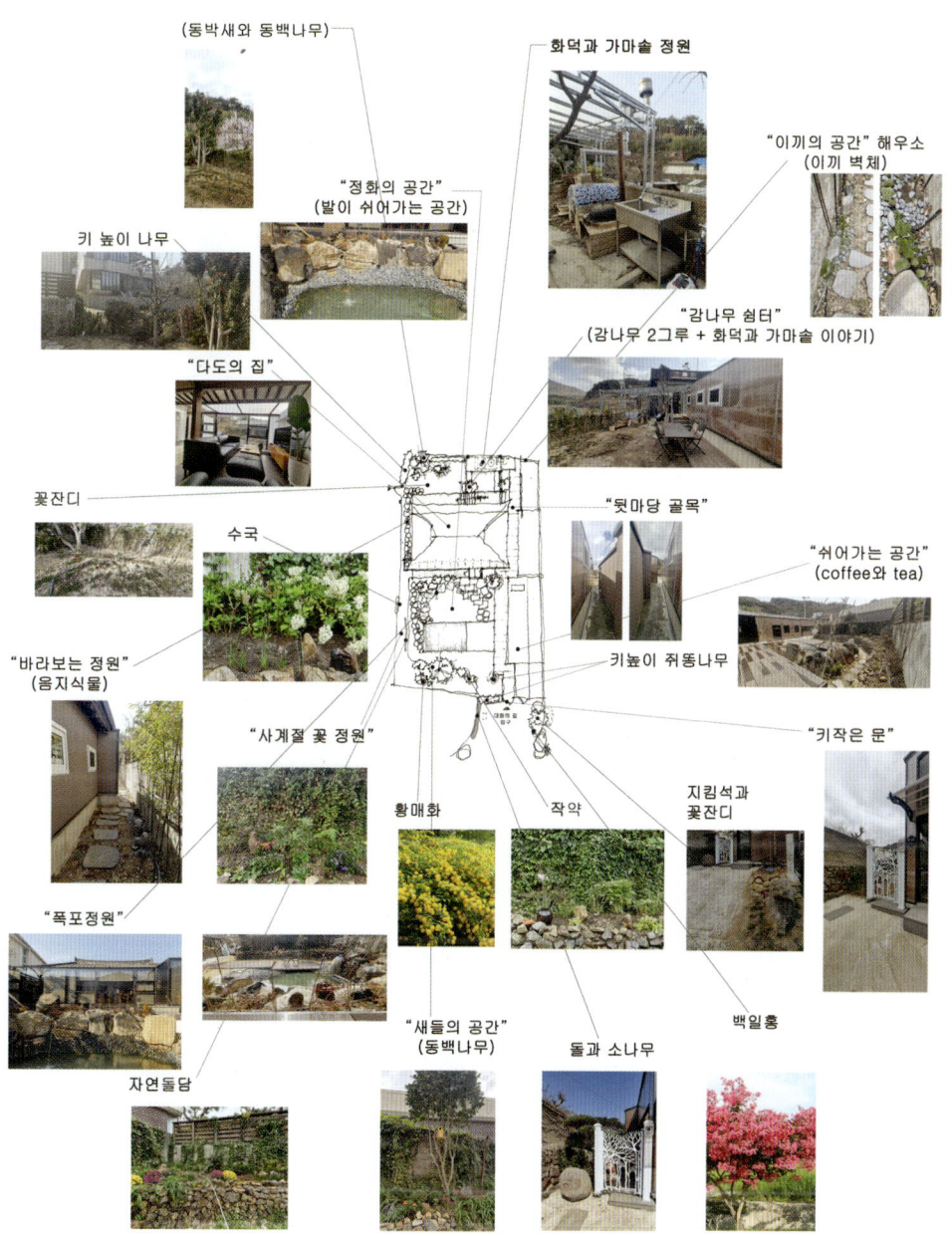

자연을 품은 나의 집 만들기

한편의 시나리오는 공간에 새로운 활력소를 불어 넣어 준다. 자연스럽게 쌓아 올린 돌담과 옛 식물들, 바래진 시멘트 담장에 싸여져 뒷마당에 버려진 감나무 2그루와 동백꽃, 바람이 통하는 한쪽 나무 담장, 멀리 뒤로 보이는 외로운 바위산 정상(달음산) 등 오래된 역사와 흔적을 함께 가져가야 하나의 감동적 컨텍스트를 만들 수 있다. 마치 대중음악이나 조각을 구현하는 예술가가 인간의 감정을 일으키듯이, 통일된 자연의 재료와 지형에 맞추어진 다양한 형태를 구성해야 한다. 자연의 돌, 흙, 나무와 역사의 기와 그리고 현대의 투명 반투명 재료의 혼합이 주변 자연 속에 함께 어우러져 있어야 한다. 단순하고 투명하며 영롱한 재료 속에 사계절의 시시각각 변화하는 꽃들의 아름다운 모습이 더욱더 찬란할 수 있도록 숨죽여 구성하여야 한다.

많은 다양한 자연의 요소들이 유기적으로 연결되어 하나의 공간 미학을 느낄 수 있다. 입구 좌측에는 돌담과 담쟁이가 어우러지기 시작하고, 입구 우측에는 가을에 피는 회양목과 샛길 사이 봄에 피는 아름드리 벚나무가 반겨준다. 작은 돌길을 따라 입구에서 살며시 열린 과거의 기와 주택(다도의 집)을 바라보면 어느새 작은 정원 사이의 연못 수공간이 돌담에 둘러싸여 반짝인다. 물에 담겨있는 검고 하얀 자갈들은 어느새 푸른빛의 그리고 연분홍의 색을 발산하며 수 공간 가장자리에 앉아있다.

그리 공간이 넓지는 않지만, 시간을 지연시켜 심리적으로 공간을 넓게 보이기에 충분하다. 진입로를 복잡하게 하거나 틀어서 느림의 철학을 만들 필요가 없다. 작지만 더 넓고 크게 보이기 위해 전체 공간이 한눈에 들어오지 않도록 자연의 도움을 받아 디자인한다. 시간이 길게 느껴지면 공간은 더욱더 크게 느껴지며 때로는 더 윤택한 공간을 만들 수 있다.

많은 감정과 느낌을 주기 위해 자연의 구성들을 유기적으로 연출시켜야 한다. 오래된 공간에서 자연의 거리 속 공간을 채색하고 느낌 있는 이야기를 만들어 주어야 한다. 공간 속 주변의 담장, 담장 속 돌담, 돌담 주변의 꽃들과 생물, 그 자연의 생물 속 수 공간(정화의 공간)에는 모락모락 사랑이 꽃피우고 있다.

시각적 연결이 매우 중요하다. 바라보는 돌과 지킴이돌 사이, 고개를 숙이고 들어가는 문(키 작은 문)에서 잠시 돌아가는 미로의 공간을 지나면 연못 주변 자연 조경과 현대식 유리와 기와가 있는 건물이 펼쳐진다. 양쪽에는 봄에 피는 화려한 연산홍 사이로 가을에 만개하는 배롱나무가 어느새 기와를 지키는 수문장이 되어 있다. 수변공간을 따라 돌며 돌들과 사계절 꽃들의 향연(사계절의 정원)을 느끼고 어느새 물속 작은 자갈 위에 발을 담근다(발이 쉬어가는 공간). 동백나무 사이 새집에 새들이 지져기고 나비가 꽃 주변을 서성이기 시작한다.

자연을 돌고 돌아 건물 사이(뒷마당 골목)로 나오면 꽃잔디 위로 작은 정원이 보이기 시작한다. 감나무(감나무 쉼터) 아래 추억의 아궁이와 파타일의 화덕이 달음산 정상을 향하고 있다. 잠시 자연을 등지고 화장실(해우소)로 향하니 자연 이끼의 벽채(이끼의 공간)가 나타난다. 화려하지는 않지만, 자연의 다양하고 많은 감성을 디자인하여 감정을 느끼게 할 이러한 이벤트는 항상 즐겁다. 이러한 감성들 외에도 자연스럽게 느낄 수 있는 자연의 감성이 자극되어 더욱더 피어오를 수 있게 할 수 있는 공간의 연출은 계속되어야 한다.

2) 자연 조경 이야기

• 다양한 식생을 활용하여 계절을 타지 않는 식재부터 계절의 흐름을 집 안에서 충분히 느낄 수 있는 식재까지 고려하여 항상 새로움을 느낄 수 있는 조경 식재 선정이 필요하다.

• 한여름의 열기는 돌로만 설치할 경우 심해지는 이유로 순기능이 있는

잔디를 추천한다. 정원을 통해서 더운 바람이 더 나올 수 있으며, 저녁이 되어도 따뜻해질 수 있다. 돌, 나무, 그리고 잔디와 흙의 조화로운 결합도 무엇보다도 중요하다.

- 시간은 빠르게 지나갈 수 있지만 자연의 시간은 항상 변화가 있다. 계절의 변화를 단순히 온도로 느끼는 것이 아니라 정원 속에 피어나는 꽃들이 자라가는 과정만 보아도 자연의 아름다움을 느낄 수 있다.

시각적 효과를 위해 투명 낚싯줄로 기존에 있는 아이비와 담쟁이를 조화롭게 연결하여 시공하는 방법도 시간의 변화를 함께 느낄 수 있다.

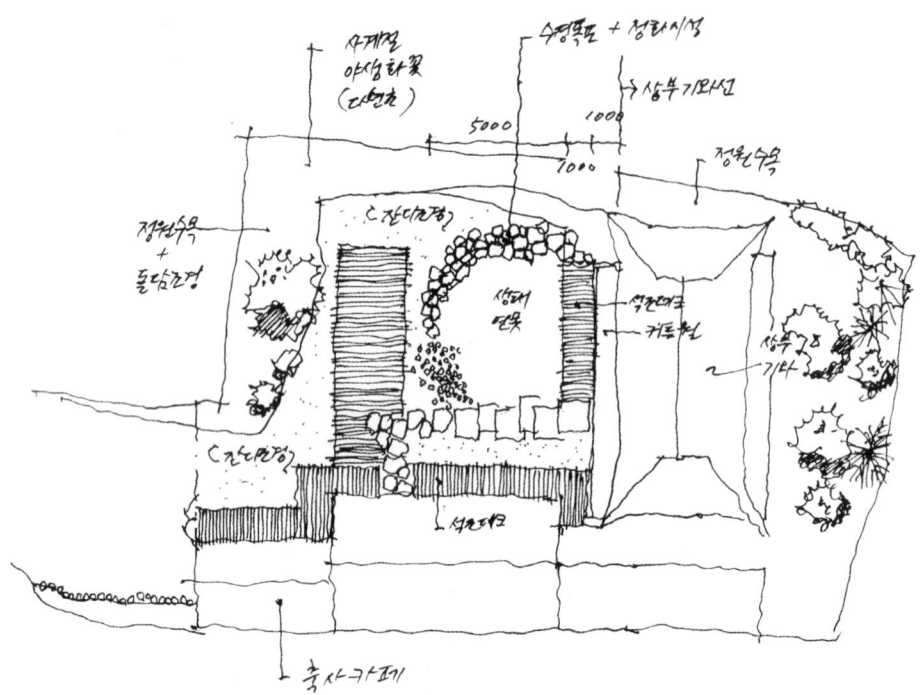

생태 연못 평면도

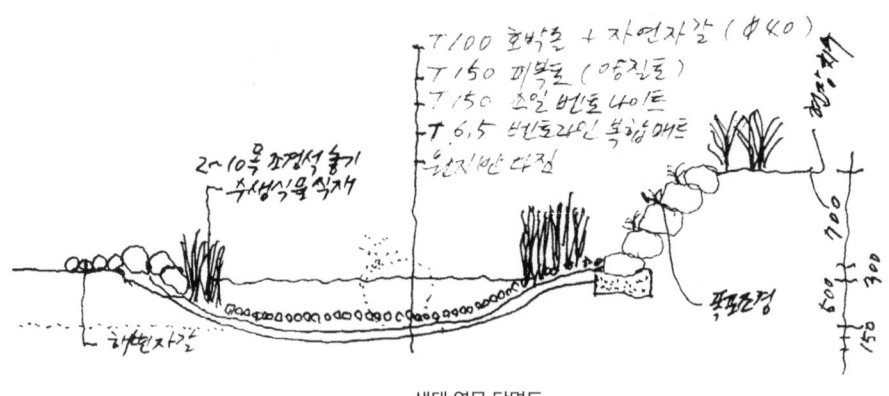

생태 연못 단면도

생태연못 주변의 돌담 정원에는 상서로운 기운이 항상 퍼질 수 있도록 4계절, 여러해살이의 꽃들을 배치한다. 봄의 각양각색 꽃나무에서 가을을 알리는 배롱나무까지 봄, 여름, 가을, 겨울 4계절의 특성을 살린 조경으로 계절의 변화를 뚜렷하게 느낄 수 있도록 디자인한다. 예를 들어 벚나무는 봄에 피니 가을에 피는 회양목과 여름의 배롱나무는 봄에 피는 연산홍과 함께하면 더욱더 사계절을 느낄 수 있다.

환경과 생태적인 관점을 넘어서 감상과 더불어 함께 생활하는 자연 디자인의 공간이다. 각 공간 마다 느낄 수 있는 고유한 분위기를 시각적으로 표현하고자 자연 속의 돌, 나무, 식물을 중심으로 공간에 세밀하고 지속적인 흐름을 만들어내어야 한다.

주변 환경에 어울리는 식재들과 각 계절의 풍요로움을 연출하는 것은 최우선순위임은 확실하다. 단순히 겉모습만 보고 식물이 살 수 있는 환경을 생각하지 않고 다양한 각도에서 바라보아야 디자인이 유지된다. 사계절의 다양한 식생들은 더욱 그러하다. 해가 잘 드는 메인 정원, 긴 시간 그림자가 져 있는 그늘 정원, 반그늘의 뒷마당 정원 등 햇빛의 일조량 하나만으로도 벅차다. 때로는 숲을 보는 것, 꽃을 보는 것, 풀을 보는 것처럼 각각의 다른 분위기 연출도 필요하지만, 오히려 한 공간 내에서 두 가지 풍경을 디자인하는 느낌도 사뭇 다르다.

3) 식재 디자인을 위한 세 가지 TIP

주(主)와 부(副)를 동시에 고려하는 디자인

화려한 식물들로만 채워놓은 정원에는 즐거움 뒤에 피곤함이 느껴진다. 연극에서처럼 주인공이라고 생각하는 식물의 아름다움을 보조하는 식물이 함께 한다면 정원은 더욱 짜임새 있는 구성이 된다. 함께 어울릴 수 있는 식물들 간의 관계를 살펴본다.

겉모습보다 식물의 생육환경을 살피기

아름다운 겉모습에 집중하여 식물을 고르는 것보다 식물의 특징을 함께 고려하여야 한다. 가장 먼저 햇빛의 정도부터 시작해 차근차근 다른 생육환경들을 먼저 고려해 본다.

식물의 생육 시간을 이해하기

식물마다 잎을 내고 꽃을 피우는 시간이 모두 다르다. 근사한 정원의 모습처럼 멋있는 풍경을 정원에 만들려면 각각의 식물이 한 해 동안 흘러가는 모습을 이해하여야 한다. 각 식물이 한 해를 보내는 발달 과정과 다른 꽃들과의 관계적 조화를 지켜보는 것이 매우 중요하다.

조경 공사하기

1) 생태연못

생태연못을 제작하는 방법은 연못의 활용과 재료의 특성에 따라 달라진다.

생태연못의 크기

연못 활용의 목적에 따라 혹은 연못 규모와 형태에 따라 면적을 정하고 그에 맞는 시스템 및 연못을 구성해야 한다. 생태연못의 크기는 어종에 따라 나눠주는 것이 가장 적합하다. 붕어, 금붕어를 키우는 목적일 경우 어종의 최대 크기는 30cm 내외이다. 금붕어나 붕어는 최대 크기가 작기 때문에 큰 연못이 필요 없고 연못의 크기는 1m×1m 이상이면 된다. 잉어, 비단잉어, 이스라엘 잉어(향어)의 경우 활동성이 좋고 최대 크기가 매우 크므로 작은 연못에서는 사육하기 어렵다. 최대 크기는 일반적으로 80cm까지 성장하며 최대 1m 20cm까지 성장하는 경우도 있어서 연못의 최소 크기는 3m×3m 이상이 좋다. 이 프로젝트의 연못은 어종이 살지 않고 사람들이 자유롭게 수족을 담그며 활용할 수 있는 생태 연못으로 디자인하고자 한다.

생태연못의 구성

연못의 크기와 땅을 판 후 정리하는 방법이 중요하다. 우선 연못을 팔 자리에 수도관, 전기 설비, 도시 가스관 등이 있는지 확인하고 작업을 시작하고 땅을 판 후 처리하는 방법은 3가지 방법으로 나눠지며 각각의 장단점이 있다.

가) 흙 그대로 두는 법

흙에서 나오는 자연 재료의 먹이들을 사육할 수 있으며 어류들이 이것들을 먹기도 하고 어류들의 먹이활동에서 생기는 배설물들을 정화해 주는 식물성 플랑크톤과 함께 물에 녹아들게 된다. 또한 물을 받을 때엔 자연스레 지표면의 수위만큼 물이 자동으로 차오른다. 흙을 그대로 두면 비용이 저렴하고 작업이 간편하지만, 항상 흙탕물이 생기고 여름철과 같이 고온에 일조량이 많은 시기에 이끼가 폭증하여 녹조가 생기고 실이끼 등의 이끼가 심하게 끼어 관상이 어렵고 수초가 자라 관리가 힘들어질 수 있다. 크기가 큰 연못에 추천하는 방법이며 별도의 정화 장치가 반드시 필요하다.

나) 콘크리트를 타설하는 방법

콘크리트는 연못의 맑은 물에 헤엄치는 물고기를 관상하기에 매우 좋고 흙탕물이 일어나지 않지만, 수초가 자라지 않게 된다. 특히 우천 시 배수구만 시설해 놓으면 갑작스런 수위 조절이 필요치 않다.

생태연못으로 자연의 멋이 없으며 비용이 상당히 많이 들어간다. 또한 흙처럼 플랑크톤들이 이용할 영양분이 생기지 않으므로 물고기가 내보내는 질소에 의존해야 한다.

다) 부직포를 이용하는 방법

부직포를 이용하는 방법은 흙 속에서 자연스레 나오는 영양분을 이용하면서도 흙탕물이 많이 일어나지 않게 한 차례 막아주는 방법이다. 부직포를 깔고 그 위에 자갈 등을 깔아주면 자연스럽게 내부 구성이 가능합니다. 단점은 부직포가 완전히 물을 차단하는 것이 아니므로 물의 색이 약간 뿌옇게 될 수 있으며 흙과 마찬가지로 여름철에 이끼가 잘 끼게 됩니다.

수질 정화 시스템

가) 식물성 플랑크톤을 이용하여 자연정화 능력으로 배설물 분해 및 정화하는 방법

바닥 처리 방법중 흙을 그대로 두는 방법으로 가장 효율적인 시스템이다. 별도의 비용이 들어가지 않고 식용어를 키우는 방법으로 좋지만, 관상의 목적으로는 좋지 않은 방법이다.

나) 유수식 방법

배수구를 설치하여 배수구 높이로 수위를 정하여 물을 계속 넣어주어 흘려주는 방법이다. 물이 항상 맑지만, 여름철에도 수온이 높지 않아 활동성이 떨어지며 콘크리트와 부직포를 이용한 바닥 구성 방법에 적당하다. 이끼와 녹조로 관상에 방해받을 일이 없고 흙을 그대로 두는 유수식 방법을 쓸 경우 흙이 계속 유실될 수 있다.

단점은 배수구 높이로 수위를 조절함으로 수량이 많아야 하지만, 지하수가 있다면 매우 우수한 방법이다.

다) 여과기의 설치

작은 생태 연못에 적당하며 연못용 대형 여과기를 설치하여 물을 재사용하는 방법이다. 물이 많이 낭비되지 않으며 비용도 많이 들어가지 않지만 주기적으로 여과기 내부 청소를 해주어야 하며 물속에 질소는 질산염으로 남기 때문에 녹조 등이 올 수 있다. 녹조를 없애기 위해 UV 살균기 등을 시설하면 반대로 질산염이 쌓여 물 또한 주기적으로 환수를 해주어야 한다. 연못의 구성은 크기, 방법, 수질정화에 따라 상당히 많은 경우의 수를 고려해야 한다. 우선 이 프로젝트에서는 어류가 없이 사람들이 발을 담글 수 있는 활동적인 생태 연못을 계획하고자 한다. 자연 지하수가 있지만, 수질 정화를 위해 연못용 대형 여과기를 설치한다.

생태 연못 기초공사

연못 바닥의 깊이는 입구(300H)에서 정원 안쪽(700H) 깊이의 차이가 있도록 하여 입구에서 발을 담그고 자갈이 수면 위로 잔잔히 비추도록 한다. 연못은 급수배관과 배수 배관을 별도로 설치하고 트렌치를 입구 제일 낮은 수위 옆에 설치하여 연못의 수위를 자동으로 조절시킨다. 흐르는 생태연못으로 물이 고여 있지 않고 계속해서 흘러서 자연정화 하도록 조성한다.

방수공사

벤토 나이트 매트는 하천, 폰드, 인공 호수, 계류, 실개천, 저류지, 저수지, 수조, 연못, 습지, 인공습지, 분수대 등과 같은 수경시설의 내부에 저류된

물의 유출 방지 및 정화하기 위하여 수리시설의 바닥 및 사면에 설치 및 시공되는 차수용 특수반응 매트이다. 부직포 및 직포로 감싸이고 내부에는 벤토나이트(bentonite) 매트와 소일벤토나이트가 매입되어야 한다. 양질의 토사와 벤토나이트 파우더의 적절한 배합을 통해 불투수층을 갖는 차수재를 현장에서 생산하여 최소 두께 T150 이상 포설하여 방수층을 형성한다.

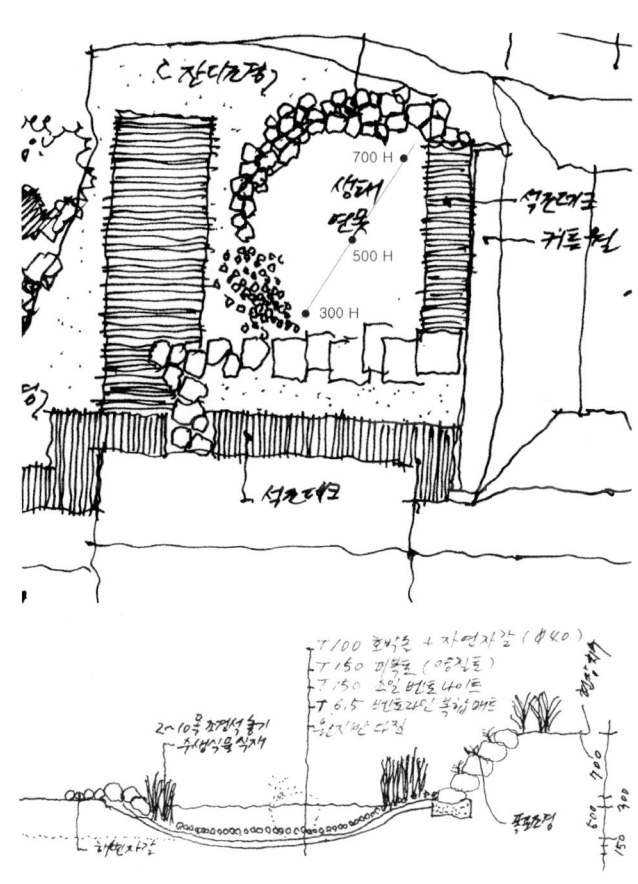

시공 Flow

가) 흙파기 후 원지반 다짐(배관, 전기 매입)

나) 벤토나이트 매트 설치 (T6.5) (벤토나이트 매트 시공/ 겹이음 과립포설)

다) 소일벤토나이트 설치(T150) (혼합토 포설/ 혼합토 다짐/ 피복층 포설 및 다짐)

 →  →

※ 시공 시 유의 사항

가. 방수공사가 진행될 표면을 검사하고 시공 장비나 운반 장비에 의하여 흠이 나지 않을 정도로 잘 고르고 다져졌는지 확인하고 직경 25mm 이상의 날카로운 돌이나 돌출물 등이 없어야 하며 방수제의 성능 저하를 끼치는 해로운 물질이 있어서는 안 된다.

나. 롤은 양 끝을 매달 수 있는 강철봉을 중심 지관에 끼워 넣고 매트의 롤 가장자리가 버팀줄이나 고리에 의해 손상되지 않도록 중심대를 Spreader bar에 매달아야 한다.

다. 매트의 부직포 면이 지면 방향으로 설치되고 직포가 상부로 향한다.

라. 사면작업은 강우 시 배수를 위해 바닥 작업을 하고 나서 시행하며 매트의 설치는 사면 바닥에서 앵커 트렌치로 잡아당기거나 먼저 고정시킨 후 사면 아래로 천천히 롤을 풀어 내린다. 이음은 항상 사면의 바닥에 수직이 되게 하며 사면에서 이음을 두어서는 안 된다.

마. 매트를 사면에 설치 시 반드시 길이 50cm 이상의 앵커 트렌치를 설치하여 고정시켜야 한다.

바. 반응 매트의 이음매는 6인치의 겹침 선과 9인치의 마침선 사이에 중첩되게 설치하며 이때 매트와 매트 사이에 약 0.4~1.5kg/m의 벤토나이트 가루를 뿌려 주어 이음매 부위에 차수력을 보강한다.

사. 구조물이나 돌출부에 매트를 밀착시키기 위해서 봉합할 부분의 모서리를 따라 폭 10cm×길이 20cm 정도의 홈을 파고 벤토나이트 혼합토를 2분의 1 정도 채운 뒤 잘 다듬어 잘라낸 매트의 끝을 홈에 꼭 맞추어 벤토나이트와 흙의 혼합토(1:4)로 채운다

아. 반응 매트가 크게 찢어졌을 경우 그 부위를 완전히 노출시켜 모든 이

물질을 제거하고 손상 부위의 모든 모서리가 30cm 이상 겹쳐지도록 보수용 조각을 덧대어 보수하여야 한다.

벤토나이트 가루는 보수용 조각과 손상 자재의 모서리를 따라 약 0.4~1.5kg/m의 비율로 뿌려준다. 이러한 경우 벤토나이트에 의한 접합뿐 아니라 접착제를 사용하여 손상된 부위의 가장자리를 따라 접합시킨다.

외부 계단 제작

외부 계단을 금속으로 제작하여 설치하면 조경석의 위치를 미리 파악하여 식재와 함께 구성할 수 있다.

조경석, 호박돌 및 자갈(T100) 놓기

연못 조경에 사용될 주 석재는 화산석이다. 화산석 현무암 괴석은 괴석의 사이즈가 다양하여 돌의 사용에 따라 연못 조경의 이미지를 크게 바꿀 수 있다. 화산석의 가격은 M3 당 단가가 적용되고 크기와 수량에 따라 단가 차이가 있다고 한다.

수생식물 식재

식재는 물속에 뿌리거나 물 위 부유하며 살아가는 다양한 수생식물과 물과 양액을 통하여 수경재배 하는 식물군이 있다. 물을 좋아하지만, 물가에서 주로 군집하는 식물과 물이 찰랑이는 공간에 주로 서식하는 식물 그리고 물속에서 뿌리를 내리고 사는 다양한 식재가 있다. 수생식물은 물속에서 산소를 공급해 수질을 정화 시킨다. 물속에 산소를 다량으로 공급해 주는 침수식물, 물 위를 떠다니는 부유 식물이나 잎이 큰 수련과 같은 부엽식물은 수면 위로 그늘을 만들어 빛을 차단하고 광합성을 통해 연못에 산소를 제공해 준다. 흔히 연꽃, 수련, 부레옥잠 같은 수생식물을 주로 알지만, 수생 식물군은 매우 다양하고 다채롭다. 물속에서도 수심에 따라 식물의 분포가 매우 달라서, 물을 중심으로 한 다양한 환경조건을 이해하고 치밀하게 계획하고 조성하느냐에 따라 도입할 수 있는 식물 종의 폭도 결정된다.

이 프로젝트의 식물군은 붓꽃, 아쿠아틱 민트, 꽃창포, 파피루스 등의 연못 주변 식물군과 물상추, 좀물개구리밥, 생이가래, 물옥잠, 개구리밥 등 플로팅 부유 연못식물을 중심으로 계획한다. 연못 가장자리의 용토는 물속 용토와 달리 유기질 성분과 보습력이 뛰어난 것이 좋다. 부엽토가 혼합되고 배수가 잘되는 용토로 마사와 부엽을 혼합하여 포설 두께는 약 10~15cm 정도로 한다. 연꽃과 수련의 경우, 과하게 번성해 수면을 가득 메울 우려가 있으므로 플랜트 박스나 화분을 이용하여 심는 것이 좋다.

정화 정수기, 폭포 및 조명 설치

전기 케이블은 석공사와 바닥공사 시행 전에 전기 케이블을 땅속에 묻어서 차후 전기 인입이 가능하도록 한다. 조명의 위치, 수량, 종류와 여과기는 물론 대문 개폐기 등 사용 전력과 위치를 파악하여 디자인하여야 한다.

오랜 기간의 숙성된 공사기간 뒤로 이런저런 공사공정의 진행 과정을 함께하면 어느새 연못가 주변은 들꽃처럼 새로운 공간이 만들어진다. 넓은 마당 속 고요히 머무르는 공간이 찾아온다.

2) 식재 조경 Ⅰ

월별 식재표

시기	꽃명	대체꽃명
2월	수선화	무스카리, 복수초
3월	복수초, 각시붓꽃, 히야신스, 천리향	크로커스, 푸쉬키니아, 살구꽃
4월	수선화, 제비꽃, 복숭아꽃	무스카리, 벚꽃, 앵두, 홍매, 튤립, 바람꽃, 황매 향기프록스, 쥐오줌풀, 겹미나리아재비, 아마꽃, 오공국화 배꽃
5월	튤립, 메발톱, 샤스타데이지, 백합, 딸기, 안개, 과꽃, 아스라지, 배꽃, 버베나, 프록스, 이끼용담	버바스쿰, 베로니카, 비누풀, 매발, 공조팝, 아이리스, 샤스타데이지, 저먼캐모마일, 정향풀, 패랭이, 불두화, 붓꽃, 등심붓꽃, 클레마티스, 분홍낮달맞이, 양귀비, 노랑붓꽃, 작약, 델피늄, 패랭이, 노랑소장미, 금계국, 천인국, 펜스테몬
6월	동자꽃, 스키잔서스, 펜스테몬, 꼬리풀, 촛대란, 살구디기탈리스, 치커리, 낮달맞이, 캄파, 천인국, 수레국화, 이베리스, 겹샤스타, 야귀비, 페랭이, 금강초롱, 벼룩이자리, 바람꽃, 미니부용, 캘리포니아 양귀비, 톱풀 노블레사, 캐모마일, 실유카, 좁살풀, 베르가못, 라벤더, 루피너스	레위시아, 사포나리아, 황금낮달맞이, 겹흰찔레, 캄파, 꼬리풀, 기생초, 노랑캐모마일, 루드베키아, 겹샤스타, 데이지, 캄파, 스토케시아, 에키네시아, 황금꿩의다리, 심장풀
7월	원추리, 장미, 흰프록스, 마타리, 삼잎국화, 도라지꽃, 은쑥, 참나리, 범부채, 해바라기, 메리골드, 해바라기	접시꽃, 코스모스, 물싸리, 물레나물, 버들마편초, 바늘꽃, 삼잎국화, 도라지, 프록스, 쟈스민, 리아트리스 에키네시아, 마타리, 꼬리조팝, 톱풀, 벼룩이자리, 백일홍, 메리골드, 붓들레아, 백합, 참나리, 아스타, 노블레사, 범부채, 부처꽃, 겹에키네시아, 목수국, 부용루나
8월	목수국, 솔체, 붓들레아, 비덴스, 백일홍, 부추, 옥잠화, 맨드라미, 다알리아, 버베인, 루드베키아	해바라기, 오리매화, 부용, 헬레니움, 맨드라미, 상사화
9월~10월	러시안세이지, 국화, 펄멈, 차조기, 아스타, 층층꽃, 헬레니움, 바늘꽃, 민트, 큰꿩의 다리, 칼잎용담, 향등골나물, 미국쑥부쟁이	골든피라밋, 용담, 꽃범의 꼬리, 클레마티스, 구절초, 감국, 멕시칸해바라기

사계절 식재의 특징

순서	식재명	이미지	특징	개화 시기
1	매발톱		다년생 초본으로 꽃피는 시기가 5월이지만 4월이면 꽃을 볼 수 있다. 토종 야생화중 하나로 꿀주머니가 매의 발톱을 닮아서 붙여진 이름으로 4월~7월 동안에 핀다.	4월~7월
2	자란		난초과에 속하는 다년생초. 5~6월에 잎 사이에서 꽃대가 나와 50cm 정도 자란 다음 6~7개의 홍자색 꽃이 총상으로 달린다.	5월~6월
3	백리향		낙엽성 반관목으로 향기가 백 리나 가는 꽃이며 개화 시기는 6월이며 5월부터 피기 시작한다.	5월~6월
4	장미		꽃들의 여왕이라 불리우는 장미는 5~6월이 피는 시기이고 6월 초가 절정이다.	5월~6월
5	동자꽃		여름에 피는 야생화 동자꽃은 한창 더운 여름인 6-8월에 핀다. 겨울철 식량을 구하러간 노스님을 기다리던 어린 동자승이 눈이 쌓여 끝끝내 돌아오지 못하여 꽃이 피어났다는 슬픈 이야기가 전해온다.	6월~8월
6	수련		다년생 초본의 수생식물로 6월을 앞두고 본격적인 개화를 시작하고 흰색이다. 낮에 활짝 피고 밤이 되면 진다.	6월~8월
7	물칸나		수생식물이고 폰테데리아, 클레오파트라 불리우며 아름다움과 화려함을 지닌다. 7~8월에 굵고 긴 꽃대에 총상화서로 피기 시작한다.	7월~8월
8	시페루스		수경재배가 가능한 식물로 반음지에서도 잘 자라며 우산 모양의 꽃이 핀다. 9종이 있으며 관상용으로 심는데 모두 습지 식물이다.	

9	속쇠		갈대처럼 생긴 수생성 식물이다. 보기는 약해보이나 추운 겨울에도 시들지 않으며 화려한 칼라의 꽃은 없지만 곧은 청렴함이 느껴지는 선비같은 느낌의 식물이다.	
10	부레옥잠		다년생의 수초이며 밝은 녹색으로 두껍다. 초록과 하얀, 그리고 보라와 노란색의 작은 은행잎 같은 귀한 꽃잎이고 꽃이 피는 시기는 7-8월이다.	7월~8월
11	수국(큰)		꽃 모양이 청초하고 잎 모양이 좋으며 키가 크지않고 시기에 따라서 색깔이 달라진다. 개화시기가 5월 말에서 6월 초이다.	5월~6월
12	왕벗나무		장미과에 딸린 낙엽 교목이다. 키는 15m쯤 자란다. 4월에 잎보다 먼저 5~6개의 꽃이 둥글게 모여 핀다. 꽃봉오리는 분홍빛이 돌다가 활짝 피면 흰색이 된다.	4월
13	구근식물		봄꽃에는 튤립, 수선화, 히아신스, 무스카리, 백합 등이 있는데 이 꽃들의 특징은 뿌리가 양파나 마늘같이 생긴 구근 식물이다. 개화시기는 이른 봄이며 튤립은 4월~5월경이다.	4월~5월
14	수선화		잎 알 모양의 비늘줄기에서 선형의 잎이 4~6개 나와 비스듬히 서는데 늦가을에 자라기 시작한다. 잎은 두껍고 녹백색을 띠는데 꽃 12월부터 이듬해 3월 사이에 개화한다.	12월~3월
15	금낭화		봄이 무르익은 4~5월 비단 주머니 모양의 금낭화는 무릎 정도까지 키가 크고, 꽃대가 활처럼 휘면서 홍색 꽃이 핀다.	4월~5월
16	아메리칸 골드 (큰)		아메리칸 매리골드라 불리우며 국화과(科) 천수국속(屬)에 속한다. 황색, 연한 황색 또는 적황색으로 피며 개화 시기는 5~9월이다.	5월~9월

17	살구나무		꽃은 4월에 잎보다 먼저 피며 열매는 7월에 익는다. 살구나무 꽃 개화 시기는 3월 중순~4월 초순이며 꽃은 연분홍으로 벚꽃보다 송이가 작은 느낌이다	3월~4월
18	체리나무		체리나무는 장미과로 4월에 꽃이 피기 시작하여 6월에 결실을 맺는다. 열매는 과육이 단단하고 과피는 암적색이다.	4월~5월
19	아로니아		장미과로 흰색 꽃이 피고 열매는 검은색이다. 꽃의 개화 시기는 4월 하순~5월 초순이라고 한다. 아로니아 꽃이 피기 시작해 2~3주 지나면 꽃이 지고 아로니아 열매가 맺힌다.	4월~5월
20	작약, 보리수		함박꽃이라고도 하며 흰색이나 빨간색 또는 여러 가지 혼합된 색의 꽃은 5~6월에 개화가 시작된다.	6월~7월
21	황매화		쌍떡잎식물 장미목 장미과의 낙엽관목으로 꽃은 4월~5월에 황색으로 피고 가지 끝에 달린다 .	5월~6월
22	으아리		여러해살이 낙엽 덩굴식물로 꽃은 6~8월에 하얗게 피고, 열매는 9월에 익는다.	6월~8월
23	백화등		상록 덩굴식물로 향기가 그윽하고 새하얀 순백의 꽃이 피어난다. 백화등의 개화 시기는 5~7월이다.	5월~7월
24	조팝나무		흰색의 꽃이 4월 초순에 촘촘한 우산살 모양으로 무리져 핀다. 매년 5-6월이 되면 나무에 하얗게 눈이 내린 것 같은 나무들을 볼 수 있다.	5월~6월

자연을 품은 나의 집 만들기

25	금목서		9월 하순부터 10월경에 핀다. 금목서에는 금색 꽃이 피고 은목서에는 흰 꽃이 가을에 피는데 향기가 멀리까지 전해진다고 해서 천리향, 만리향이라 한다.	9월~10월
26	영산홍		진달래과로 꽃은 4~5월경에 붉은색·흰색·자주색 등이 핀다. 영산홍은 꽃과 잎이 동시에 핀다.	4월~5월
27	송엽국		다육식물 여러해살이풀로 보라색 꽃을 피운다. 개화시기가 4월~6월이라고 하는데 만개 시기는 6월 말이다.	4월~6월
28	꽃잔디		적색, 자홍색, 분홍색, 연한 분홍색, 백색 등 다양하며 열매는 삭과로 관상용으로 심어 길러진다. 개화 시기는 4월~7월이다.	4월~7월
29	체리세이지		진홍색 꽃이 피며, 오레가노와 과일향 비슷한 강한 향이 난다. 흰색, 보라색, 붉은색 등의 꽃이 피는 품종도 있다. 꽃이 피는 시기는 5월~11월이다.	5월~11월
30	바늘꽃		피는 시기는 7월~10월까지 피고 영하 7도까지 견뎌내는 강한 꽃이다. 꽃은 7-9월에 피며, 열매는 9-10월에 익는다.	7월~10월
31	음지식물		호스타스, 베고니아 음지식물- 호스타스, 앵초, 에피미디엄, 디센트라, 봉선화, 양치류(겨울) 반 음지 식물- 베고니아, 리구라리아, 비올라, 아사룸 캐나덴스, 브루나(연못 가장자리), 헬레보레스(늦겨울)	

자연을 품은 나의 집 만들기

정원을 디자인할 경우 음지식물과 반음지 식물의 종류를 구별하여야 예쁘고 아름다운 정원을 가꿀 수 있다. 꽃이나 화초를 심기 전에 얼마나 많은 그늘이 있는지 고려하고 식물 종류를 선택해야 한다. 그늘은 직사광선이 3시간 이하를 의미하고 반그늘은 3~ 6시간을 의미한다. 꽃이 만발한 관목과 같은 반음지 식물은 약간의 태양 아래서 가장 잘 꽃을 피운다.

사계절 정원 식재 구성하기

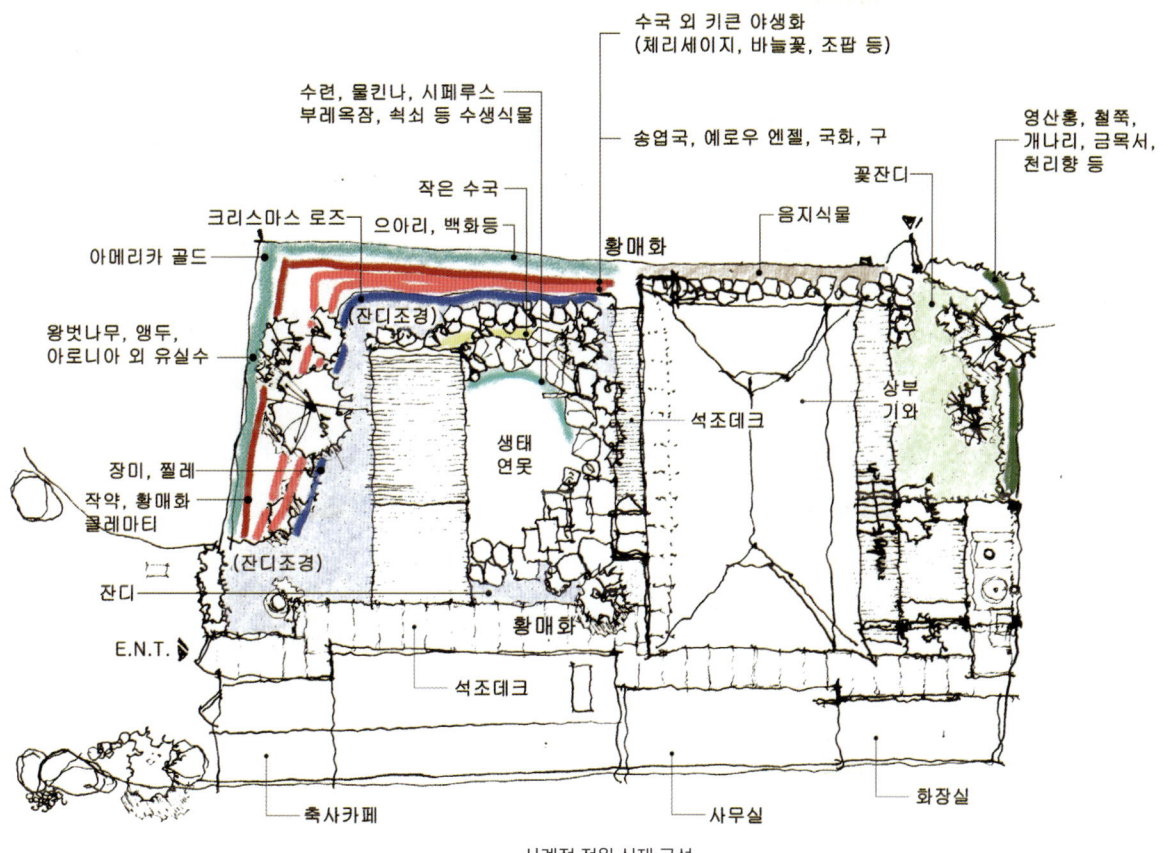

사계절 정원 식재 구성

사계절 정원 식재 표기하기

식재표기	식재명	이미지	개화 시기	식재표기	식재명	이미지	개화 시기
▢	매발톱		4월~7월	▲	살구나무		3월~4월
⊙	자란		5월~6월	▲	체리나무		4월~5월
#	백리향		5월~6월	●	아로니아		4월~5월
○	장미		5월~6월	○	작약, 보리수		6월~7월
#	동자꽃		6월~8월	●	황매화		5월~6월
#	수련		6월~8월	▢	으아리		6월~8월
⊕	물칸나		7월~8월	⊙	백화등		5월~7월
Φ	시페루스			▲	조팝나무		5월~6월
✻	속쇠			#	금목서		9월~10월

자연을 품은 나의 집 만들기

기호	이름	사진	개화시기	기호	이름	사진	개화시기
#	부레옥잠		7월~8월	○	영산홍		4월~5월
#	수국(큰)		5월~6월	●	송엽국		4월~6월
○	왕벚나무		4월~6월		꽃잔디		4월~7월
◉	구근식물		4월~5월	△	체리세이지		5월~11월
#	수선화		12월~3월	△	바늘꽃		7월~10월
○	금낭화		4월~5월	∦	음지식물		
#	아메리칸 골드(큰)		5월~9월	#	복수초		2월~4월
□	클레마티스		5월~10월	□	아스타 국화		6월~11월
◉	구절초		6월~11월	#	매화나무		2월~3월

자연을 품은 나의 집 만들기

초봄(2월~4월)에는 수선화, 무스카리, 히야신스, 크로커스, 튤립, 바람꽃, 복수초, 섬노루귀, 할미꽃 등이 있고 나무로는 목련, 라일락, 팥꽃나무 등이 있다.

가을꽃으로 아스타 국화, 추명국, 구절초, 쑥부쟁이, 해국, 용담 등이 있다.

겨울에는 동백꽃, 군자란, 수선화, 매화, 시클라멘, 복수초 등이 있다.

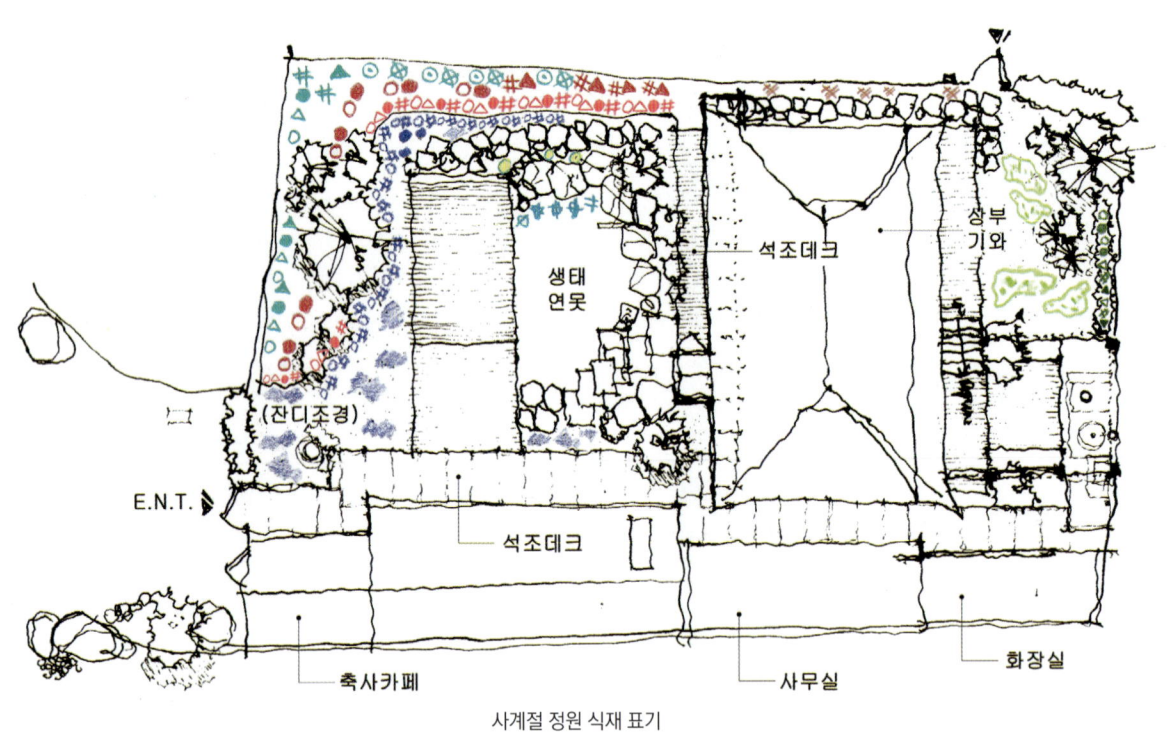

사계절 정원 식재 표기

울타리 묘목

· 사철나무

주로 관상용으로 쓰이며 정원수나 울타리용, 경계식재, 차폐 식재, 방화수 등으로 이용된다. 집 주변에 심어 울타리를 조성하여 항상 푸름을 만들기도 한다. 이처럼 담장용으로 많이 심는 나무 중 하나인데 가지치기를 통해 반듯한 벽을 만들기도 한다. 10미터 생울타리 사철나무로 조성한다면, 약 10미터로 울타리를 1미터짜리 사철나무 두 줄로 조성을 하여 총 100주가 들어간다고 보면 된다.

입구의 사철나무는 자연스럽게 담벼락을 대신해서 초입에 자연의 운치를 선사하기도 한다.

· 사철나무 전지

전지는 어떤 높이의 어떤 폭의 울타리를 만들 것인가 고려해야 한다. 처음 심을 때는 촘촘하지 않더라도 차후 나무의 윗부분을 잘라주면 가지가 생기면서 촘촘해진다. 최소한 식재 후 2년은 있어야 조밀해진다. 사철나무는 식재 후 상태에 따라서 보통 봄에 전지 한번 가을에 한 번 하는 것이 좋다.

창을 고려한 수목배치

창호 주변에 수목을 배치할 경우 채광과 시각적 차폐를 고려하여야한다. 측면에 창이 있는 곳에는 창 가운데 맞춰서 수목을 배치하면 예술적인 풍경을 연출할 수 있다. 수목은 주목(둥근소나무)등 하부가 강조되는 원추형, 원형의 상록수가 좋다.

오죽과 이끼정원

대나무 숲 사이로 바위 덮은 초록빛 신비, 이끼정원이 함께 한다. 부드럽고 푹신한 이끼가 융단처럼 깔린 평화로운 광경은 잠시 동안 우리의 마음을 따뜻하게 감싸줄 것만 같다. 바위 표면에 붙은 이끼   들은 식물이 전혀 없는 곳에 맨 먼저 정착해 다른 생물이 살 수 있는 터전을 만들어 준다. 이끼가 자라면서 흙은 다른 식물이 살 수 있는 부식토로 바뀐다. 미미해 보이는 이끼가 생태계 형성과 유지를 위해 기와 아래 담장을 메우기 시작한다.

사계절 식재

봄, 여름, 가을, 겨울 4계절의 특성을 살린 조경으로 계절의 변화를 뚜렷하게 느낄 수 있도록 디자인한다. 예를 들어 벚나무는 봄에 피니 가을에 피는 회양목과 여름의 배롱나무는 봄에 피는 연산홍과 함께하면 더욱더 사계절을 느낄 수 있다.

대표목의 설정

정원을 디자인할 때 정원에 포인트(무게감)를 주기 위해서 대표목을 심는다. 어디에 배치하면 좋을까 고민을 하게 되는데 대표목의 위치 선정 시 가장 우선적인 것은 첫째, 나무가 겹치지 않게 배식해야 된다. 둘째, 건물 중심의 배식이 우선인데 건물을 살려주고 외부에서 보일 때 개방적이고 시원한 느낌을 주어야 한다. 셋째, 정원 중심의 배식인데 건물 내부에서 정원을 바라볼 때 아늑한 느낌을 주어야 한다.

관목은 교목 뒤에 심고, 키 큰 관목은 철쭉 뒤에 심는다. 건물 벽이 있는 곳에 관목을 심을 때는 1) 교목을 심고 2) 관목은 교목 뒤에 위치하게 심어야 한다. (교목의 줄기가 잔디에서부터 노출되게 합니다) 3) 키 큰 관목은 반드시 철쭉류(키 작은 관목) 뒤에 심어야 공간이 넓고 풍성하게 느껴진다.

· **벚나무와 소나무**

벚나무는 봄에 꽃이 먼저 피고 잎이 나는 나무로 화려하고 우아하여 가을에 붉게 물드는 단풍과 함께 어우러진다. 벚나무 특유의 붉은 자색의 수피는 대중적 아름다움을 주어 공원수, 가로수 소재로 적합하다.

꽃이 흰색이고 겹으로 되는 것을 흰 겹 벚나무라고 한다. 이와 비슷하지만 수술이 전부 꽃잎으로 되고 암술은 잎처럼 꾸부러져서 밖으로 나온다. 보현보살이 타고 있는 코끼리의 코처럼 보인다고 보현상(普賢像)이라고 하며, 처음의 홍색에서 점차 퇴색하여 흰빛으로 된다. 잎이 피침형인 것을 가는 잎 벚나무, 잎자루와 꽃가지에 털이 있고 꽃가지의 길이가 2~3cm 인 것을 사옥, 꽃가지, 작은 꽃가지 및 잎 뒷면과 잎자루에 잔털이 있는 것을 잔털벚나무, 잎자루와 잎 뒷면 주맥에 털이 밀생하고 꽃가지에도 털이 많은 것을 털 벚나무라고 하지만 잔털 벚나무와의 중간형이 많다.

· 백일홍 나무

정원 출입문을 통과하여 전면을 바라보며 양쪽에 백일홍 2그루를 각각 양쪽에 심는다. 출입문이 정원 가운데에 있는 경우 대칭식재로 입구에서 안정감을 주는 것이 좋다. 대칭식재를 할 때는 주목 등 원추형의 상록수를 많이 사용하지만, 입구가 답답해 보이지 않도록 넓은 간격으로 백일홍 나무를 심는다. 개방감과 대칭식재의 느낌을 동시에 살릴 수 있도록 고려

하여야 한다. 배롱나무는 줄기를 만지면 모든 가지가 흔들린다 하여 '간지럼 나무'라고도 불리며 정원수로 5~6m까지 큰다. 목백일홍, 백일홍 나무라고도 불리며, 7~9월에 꽃이 피며 100일 동안 꽃이 핀다.

도종환 선생님의 '배롱나무' 예찬 중
배롱나무를 알기 전까지는 많은 나무들 중에
배롱나무가 눈에 보이지 않았습니다
(중략)
사랑하면 보인다고 사랑하면 어디에 가 있어도
늘 거기 함께 있는 게 눈에 보인다고

여름부터 가을까지 붉게 수놓는 배롱나무의 화사함이 은근히 기대된다.

연못 식재조경

데크 주변 난간 대신 키가 큰 남천을 식재하여 자연의 숲을 디자인한다. 키가 큰 남천 옆에는 키가 작은 수목을 배식하여 숲의 느낌을 연출한다. 서까래나 지붕처마의 빗물받이나 데크 주변 울타리에는 덩굴성 식물을 심으면 좋다. 능소화, 붉은인동, 덩굴사계장미, 크레마티스 등도 대표적인 꽃이다.

연못 석재 사이사이 초설, 황금마삭을 심는다. 초설은 잎이 붉은색 녹색 흰색등 다양한 색상을 지니고 있으며 눈 내린 것 같은 느낌이 매력적인 조경수이다. 잎의 색이 5가지 색이 나온다고 해서 오색마삭줄이라 한다. 황금마삭은 초록잎일 때도 좋고 물들어 황금빛 매력을 뽐낼 때도 멋지며 추위에도 강하다. 오래 자라 목질화된 줄기가 조경석 위로 늘어지면 가을을 더 예쁘게 물들인다.

· 수목하부(교목, 관목, 초화)의 처리

수목(교목, 관목, 초화)의 하부는 비워 두는 것보다 마사나 바크로 마감하는 것이 훨씬 더 깔끔하고 고급스럽다. 보습효과도 있는 고형 마사(알마사/하이드로볼)도 있지만 영양분은 없다. 바크는 자연스럽고 풍성한 느낌을 주며 보습효과도 있고, 겨울철 보온효과도 있다.

잔디와 꽃잔디 조경

잔디는 떳장잔디와 롤잔디로 출하되고 있다. 떳장은 18cm×18cm를 기본으로 20cm×20cm나 30cm×30cm 로도 생산된다. 떳장 잔디를 심어도 1년이 지나면 주변으로 뻗어나 빈 공간을 채우기 때문에 굳이 비싼 롤잔디를 심지 않아도 된다. 잔디는 한국 고유의 큰 잔디를 사용하는 것이 좋다.

잔디는 표면 배수를 고려하여 바닥을 평탄하게 만들어 2% 정도의 표면구배를 준 다음 심으면 된다. 먼저 심을 장소의 표토를 10~15cm 정도 갈아서 흙덩이를 깨어 흙을 부드럽게 하고 비료, 퇴비, 유기질비료와 혼합하여 고루 섞은 다음 지면을 평탄하게 고른다. 잔디를 심고 이음새 부분에 흙을 채워준 다음 잔디 뿌리면과 상토 면이 자연스럽게 밀착되도록 가벼운 롤로 눌러 주거나 판재를 잔디 위에 얹은 다음 가볍게 밟아 준다. 잔디심기가 끝나면 식재 면의 전면에 고르게 물을 뿌려준다. 꽃잔디는 번식력이 좋은 덩쿨 잔디 식물로 5월 초가 되면 언덕에 흡사 분홍색 카펫이나 분홍색 이불을 깔아 놓은 듯한 아름다움을 선사한다. 분홍색 꽃뿐만 아니라, 붉은색, 흰색 등 색깔로 보는 이로 하여금, 아름다움을 느끼고 세상 살아가는 한시름을 덜어주기도 한다.

· 정원 바닥 재료분리

정원 바닥 석재와 잔디가 접하는 곳은 재료분리를 고려하여야 한다. 건물에서 나오면서 바로 잔디가 접하지 않고 전이공간으로서 아래와 같이 데크나 비정형 판석을 많이 사용하는데, 이 경우 바로 잔디로 접하는 것 보다 해미석, 마사등을 사용하여 재료분리를 해주면 단정하고 고급스러운 느낌을 줄 수 있다. 우천 시에 물 튀김 등으로 인한 포장재의 오염을 막아주는 기능적인 역할도 한다.

판석과 잔디의 재료 분리는 흰색보다 장기적으로는 때가 타서 지저분해보이지 않는 흑색의 해미석이 좋다.

자연을 품은 나의 집 만들기

3) 식재조경 Ⅱ

9월 꽃 사진

앙상했던 지난겨울의 담쟁이가 벽 전체를 초록 배경으로 화면을 구성한다. 봄에 피는 꽃들은 이미 꽃이 지고 여름으로 가는 모습이다. 가을의 수국이 계절의 변화를 보여준다. 9월 초에 심은 꽃들이 봄꽃들 사이사이 피고 있다.

10월 꽃 사진

늦가을에 피기 시작하는 꽃들에서부터 초겨울까지 피는 꽃들이 서로 서로 얼굴을 드러내기 시작한다.

12월 겨울 꽃 사진

한겨울의 아련한 정취가 담장 아래로 펼쳐져 있다.

2월 꽃 사진

차가웠던 겨울이 지나 생기 있는 봄의 향연이 시작된다. 겨울 내내 움츠렸던 튤립과 수선화가 푸른 하늘처럼 해맑고 봄날의 새싹처럼 피어오르고 있다. 꽃향기가 천 리를 간다고 하는 천리향의 꽃망울이 커지기 시작하더니 담장 주변으로 향기가 퍼지기 시작한다.

3월 꽃 사진

따뜻한 날씨가 시작되고 아름다운 꽃이 피기 시작한다. 개나리, 진달래, 벚꽃 등도 활짝 피며 완연한 봄기운을 느끼게 해준다. 어느새 동백이 꽃망울로 붉은색 융단을 만들어 낸다. 땅 위에 떨어져서도 오랫동안 붉게 타오른 붉은 동백 융단에서 '기다림'과 '애타는 사랑'이 느껴진다. 가느다란 줄기 위에 형형색색 탐스러운 꽃을 자랑하는 튤립이 활짝 펴 아름다움을 뽐내고 있다.

5월 꽃 사진

수줍어하는 작약이 조그만 꽃봉오리부터 만개하기 시작한다. 은은하게 맴도는 향기도 감미롭다. 작년에 심었던 수국들도 예쁜 꽃을 피우려고 준비 중이고 무스카리와 히아신스가 앙증맞게 여기저기 피어나며 바람을 타고 있다. 화려하게 수놓기 시작하는 장미가 너무나 선명하고 아름답다. 꽃잎이 떨어지는 게 너무 아쉬울 뿐이다.

4) 전기 및 기타

외부 전기, 조명 공사

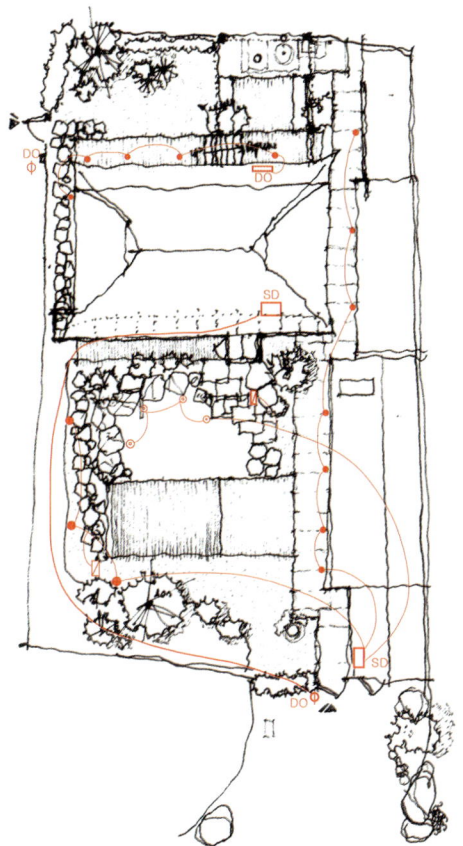

순번	표기	조명 Type	위치
1	□	외부 콘센트 박스	
2	SD	분전함	
3	DO	문 자동 개폐기	
4	φ	문주등(대문 상부 조명)	
5	●	Inground Light	정원용
6	□	Pool Light(수중등)	연못용

내부 인테리어 외에도 외부 경관조명도 전기공사의 일부이다. 바닥 공사 단계에 전기배관의 매입 설치가 필요하다. 바닥 마감하기 전에 미리 필요한 전기배관들을 도면에 명시된 위치로 준비해 놓는 작업이다. 추후에 배관에 전선을 인입하거나 미리 설치해 놓은 전선을 사용하게 된다.

조명이 설치될 위치에 전기 배선 준비

전기 인입 배선 작업

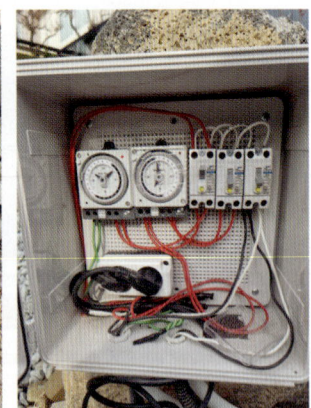

외부 콘센트 박스의 설치

가장 먼저 조명 설치할 곳에 전기 공급을 위해 전기 배선 공사를 시작한다. 차단기 하나로 외부 전등이 켜지는 것 대신 여러 개의 차단기가 작동되도록 분리 작업이 필요하다.

외부 조명과 전기 콘센트 박스의 위치(연못 주변과 데크 주변)를 확인하여 신규 케이블을 매설한다. 외부 조명 및 전원은 따로 분리하여 차단기를 설치한다. 각 구역에 JB를 설치하여 전기의 조작 및 관리를 좀 더 원활하게 할 수 있도록 시공한다. 조명 기구는 조명의 위치와 역할을 고려하여 설치한다. 수중 등과 땅 매입 등일 경우 방수가 매우 중요하다.

조명을 켜놓고 전기배선과 차단기함을 마감

배선들은 다시 한번 불필요하게 노출된 부분들을 묶어주고 꼼꼼하게 절연 테이프로 감아 마감해 준다. 차단기함 역시 접지와 누설전류를 확인한다.

자연을 품은 나의 집 만들기

렉산 캐노피 시공

철골의 재료는 은색으로 반짝거리는 아연 도금재료나 스테인리스 재료에 비해 철골 뼈대들을 모두 유색으로 도장을 하는 방식으로 주로 시공을 한다. 특히 외벽과도 잘 어울리고 유색의 마감이 유지 보수에 좋은 장점이 있다.

위에 올려놓은 지붕재가 흔들리거나 튀어나오지 않도록 바둑판 모양으로 철골을 촘촘히 제작해 시공 후 10mm 복층 렉산으로 마감한다. 렉산판이 아무리 좋아도 철골 뼈대가 단단히 버티어 주지 못하면 금방 비가 샐 수 있고 역할을 잘하기 위해선 철골 뼈대가 아주 꼼꼼히 잘 만들어져야 한다.

차양의 효과가 많이 필요치 않고 햇빛이 잘 안 드는 공간에 비 가림을 만드는 상황이라면 굳이 해를 피할 필요가 없으니, 투명판으로 지붕을 덮어도 좋다. 투명 하늘 아래 저 멀리 달음산의 정상이 더더욱 선명하게 느껴진다.

7
정원 디자인

정원 이해하기

정원 설계하기

정원 이해하기

정원은 자연 속에서 성장하며 끊임없는 변화를 만들어 간다. 사계절의 흐름 속에서 변화의 매력을 보여 준다. 자연이 만들어 내는 조화는 시간이 흐를수록 더욱 멋진 풍경을 만들어 간다. 때로는 오브제의 힘을 빌려 신화의 이야기를 담은 예스러운 정형식 정원도, 좀 더 자유롭고 자연스러운 '자연 풍경식 정원'도 정원을 감상하고 즐기는 우리의 창조적 여가에 분명 중요한 역할을 할 것이다.

정원은 은둔의 장소이며 은밀한 갈증을 해소해 주는 장소이다. 때로는 휴식의 장소이기도 각성의 장소이기도 하다. 정원은 다른 어떤 열정에서도 느낄 수 없는 행복의 안식처를 선사해 주며 자연이나 경치 감상하는 것 이외에 행복을 주는 곳이기도 하다.

1) 주변 환경과의 교감

주변 환경도 디자인하려 하는 공간의 한 부분이다. 주변 환경이 하고자 하는 생각에 마음을 열고 이해하여야 한다. 하고자 하는 정원의 주제가

중요하지만, 주변 환경이 줄 수 있는 자연이 아름다움을 배가시켜 줄 수 있다. 정원의 규모나 의미보다도 자연과 교감하고 대화할 수 있는 매력적 요소를 주변 환경에서 함께 만들어 가는 것도 중요하다.

2) 자연과 사계절의 변화를 생각

어느 정원도 화가의 회화 작품처럼 수많은 시간의 흐름 속에서 화가의 의도대로만 유지되지 않고 자연스럽게 보이는 매력이 있다. 시간을 두고 자연의 변화와 성장을 이해하려 해야 한다.

자연을 품은 나의 집 만들기

정원 설계하기

자연을 대상으로 하는 디자인은 자연 속 환경과 조화를 이해하려 하고 그 속에서 함께 호흡하려는 감성을 가져야 한다. 그 외형적인 형태와 모습보다도 정원이 가지는 사계절의 모습, 오전에서 오후까지의 모습은 물론 그 공간의 역사적 성격과 배경 등 다양한 각도와 시간을 두고 바라보아야 한다.

정원을 계획하고 연출하는 이유는 환경을 매개체로 주제가 잘 전달되어 감상자들에게 얼마나 많은 감흥을 느끼게 하는지가 중요하다.

시각적 형태를 이용하여 주제를 표현하기도 하고 행위를 유발하게 시켜 주제를 전달하는 등 다양한 연출의 방법이 있다. '정원 속 석재와 꽃들의 향연'은 현실 속 움직임이 없는 석재와 시간에 따라 미세하게 변화하는 꽃들의 조화를 보여 준다. 돌담의 나선형 동선을 느끼며 정원을 둘러볼 수 있도록 하여 마치 나비가 되어 꽃 속으로 날아드는 듯한 느낌을 경험 하도록 구성한다. 아무 뜻 없이 놓여 있는 돌들이 도대체 무엇을 표현하고 있는지 궁금하다. 어떤 것들은 작은 나무 사이에 있기도 하고, 풀 사이에 모습이 드러나기도 하고, 꽃들을 감싸서 돌아서 있기도 하다. 돌이 아닌 어떠한 오브제도 자연 속에서 또 하나의 주제 꽃을 피울 수 있다. 그 모든 것들이 자연 속에서 안정감과 신비감을 더해 준다. 이 돌들은 일찍이 이 공간에 있었으며 우리를 지켜보고 있었을지도 모른다.

돌과 식물이 자연스럽게 하나가 되는 석부작도 연못 정원의 운치를 더해 준다. '부처핸썹'[5]은 야생에서 자라는 부처손을 뿌리가 튼튼하게 붙어 있도록 구성한 작품이다. 자연에서 재취하여 물 빠짐이 좋은 흙이나 적당한 바위에 심은 후 빛이 직접 들지 않는 곳에 두고 건조하지 않게 수분을 보충해 주면 된다.

주5) 김용훈 작가, 부처손

행위를 유발하게 시키는 주제인,'액자와 나무'는 동화 속의 이야기처럼 비례감 있는 액자를 통하여 배경적 공간을 만든다. '정원 속에 담그기'는 데크에 걸터앉아 옹달샘 속 청청한 물속에 발을 담그게 하여 정원을 느끼도록 구성한다. 이처럼 시각적 형태의 이용과 행위 유발의 형태는 공감각적 참여를 자연스럽게 만들어 정원을 느끼게 하여 본능적 감성에 호소하는 방법이다.

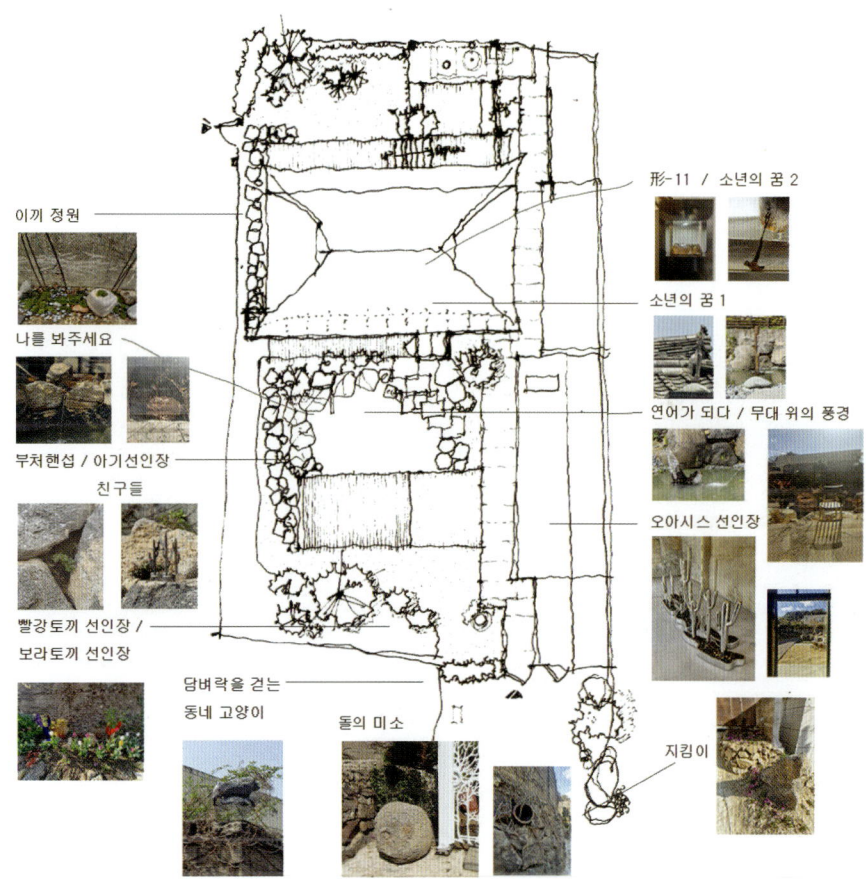

1) 주제의 선정과 표현

지나치게 주관적인 주제일지라도 혹은 정확한 의도의 대칭적 형태와 논리적인 공간 구조이더라도 자연 속 변화하는 예술이 될 수 있다. 정원 속 교감의 커뮤니케이션은 시각적 요소로 시작되지만, 단순한 시각적 교감을 넘어 오감을 통한 총체적 교감이 필요하다. 그 위에 추상적이든 구체적이든 교감할 수 있는 주제의 움직임에 의해서 표현이 완성된다.

'소년의 꿈 1'은[6] 어릴 적 하늘에 떠 있는 별을 바라보며 사다리에 올라가 무언가를 잡으려 했던 소년의 꿈을 이야기한다. 소통의 도구인 망치를 확대하여 기와와 교감을 시도하며 하늘 공간 위로 움직임을 만든다. '피아노'는[7] 연못의 물줄기에 맞추어 자연의 노래를 연주하기도 한다. 어느새 우리는 인체의 모습과 동작을 보며 함께 공감할 수 있는 기회를 마련한다.

'소년의 꿈 2'는[8] 화려한 꽃들이 만발한 정원 속에서 작아진 아이가 작은 꽃을 만나 마음이 다시 회복되는 과정을 그린다. 자연 친화적이며 활기가 넘치는 색채의 이미지로 꿈과 희망을 찾아 올라가는 우리의 마음을 표현한 작품이다. 때로는 실내 공간 속 서까래 아래 고목의 의미를 되찾기도 하고 오래된 한지 조명을 만들기도 한다.

주6) 박주현 작가, 15×15×35cm, 브론즈
주7) 박주현 작가, 15×15×35cm, 브론즈
주8) 박주현 작가, 15×15×35cm, 브론즈

고양이가 높은 담에 뛰어 올라가서 유유히 담벼락을 걷는 모습을 보면 고양이는 높은 곳과 아슬아슬한 공간을 즐기고 유희한다. 오늘 밤도 혼자 마음으로 울고 있는 우리를 찾아와 작은 위로를 준다. '담벼락을 걷는 동네 고양이'는[9] 투명함 속 오묘하고도 온화한 감정을 동시에 선사한다는 점이 매력적이다.

유리를 통해 다양한 오브제와의 결합을 시도하며, 투명함에서 오는 담백함과 향수, 그 안에 만들어진 생동감 있는 고양이, 과감한 구도와 형태, 살아 움직이는 듯 그리움을 불러일으킨다. 어렵지 않은 주제를 통해 전개된 작품들은 작가에게 있어서 좋아하는 대상에 대한 진지한 시선이자, 일상의 기록이며, 상상으로의 매개와 투영을 나타낸다. 거울이나 유리의 투영에 따른 추상적 표현이나 반사를 통한 물성의 직설적 혹은 은유적인 표현도 매우 흥미롭다. '담벼락을 걷는 동네 고양이'를 보면, 자연의 야생을 다른 각도에서, 빛을 통하여 입체적으로 연출하고 있다. 때로는 유리가 지니는 본래의 표면 질감이 아닌 전혀 다른 감성을 전달하기도 한다.

2) 정원 속의 조형

정원 속 공간 속에 시각적 요소를 어떠한 형태와 무엇으로 보여 주는지가 중요하다. 산책하지 않아도, 마치 한 폭의 그림 앞에 멈춰 있는 것처럼, 어느 일정한 시점에서 감상하며 관조할 수 있는 공간도 필요하다. 시선이 사방으로 향하여 부채꼴의 정원이 차례차례 눈 앞에 펼쳐지게 하는 것도

주9) 이상진 작가, 40×40×25cm, 플렉시 글라스 성형 후 채색, 레고 오브제

의미가 있다. 때로는 무심히 초록 정원을 바라볼 수 있도록 나무, 꽃, 돌의 배치가 자연스러워야 한다. 결국 이러한 자연 요소들의 연출과 아무런 부담 없는 표현에 우리의 시선은 이곳저곳 이끌려 가게 된다.

'무대 위의 풍경'은 정원의 일반적이고 보편적인 형태에 새로운 질서, 균형, 비례의 형태를 표현한 작품이다. 이러한 형태들은 간단한 스케치를 통하여 상상의 이야기를 구성한 후 가상의 시나리오를 만들어 보는 것도 방법이다. 흐르는 음악의 선율처럼, 전체적인 아름다운 감동을 연출하며 시각이 하나하나의 요소들로 움직이기 시작한다. 자연의 아름다운 배경을 위해 대나무 물줄기를 연못 가운데로 흐르게 하여 영상이 좀 더 분명하게 이어지도록 한다. 정원예술은 다른 창의적인 예술 분야와 비슷하게 자연 속의 빛과 그림자, 색채, 소리를 다루며 작품의 유형과 표현이 매우 섬세하게 그려진다.

'나를 봐주세요'는 바닷속 두 마리의 물고기가 자연스럽게 입을 맞추는 장면을 연상시킨다. 그 사이로 대나무의 물줄기가 소리를 내며 연못의 표면을 완성한다. 제한된 공간 안에서 효과적으로 표현하기 위해서는 물체

자연을 품은 나의 집 만들기

가 가지고 있는 상징성과 함축적 내면의 의미를 표현하기 위한 세심한 시각적 연출이 필요하며 주변 요소들로부터 그 대상을 특별하게 구별 짓는 것이 필요하다. 자연이 가지고 있는 살아있고 원초적인 아름다움을 예술적 발상으로 시각화하고 형상화하여 예술적인 정원의 매력을 만들어 가는 것이다.

3) 공간 속의 조형과 연출

자연 속 각 요소 간의 상호 작용을 위해 안정과 균형, 비례와 조화, 리듬과 운동 등 디자인의 원리를 실험적으로 적용하는 노력이 필요하다. 연못 속의 돌과 꽃들의 상호 관계적 이해도 필요하다. 주체적, 부수적, 종속적 관계의 역할이 함께 이루어져야 한다. 건축적 요소인 벽과 면의 활용도 중요하다. 배경으로서의 벽면은 상대적인 거리, 높이, 재료의 다양성으로 실제 공간에서 다의적인 표현이 가능하다. 담쟁이를 배경으로 꽃들과 나무들은 어느 시선으로 바라보아도 신비롭고 아름답다. 바라보는 위치에 따른 기울기나 시선의 각도에 따라 편안함과 속도감을, 때로는 심리적 자극과 흥분을 만들어 주기도 한다.

기둥의 형태는 독립적인 요소로 상징성을 지니고 있다. 콘크리트 벽면에 굳굳하게 서 있는 오죽은 강한 자부심의 독립성을 강조한다. 공간에서 중심적인 역할이나 강한 존재감을 표현하기도 하며 대나무(오죽)의 여러 기둥이 모여 동선을 표현하기도 하며 여러 개의 대나무가 모여 하나의 집합적인 의미를 전달하기도 한다.

현대적인 재료와 형태의 연출이 한옥 공간 내부로 들어온다. 한옥 공간의 특성을 담은 원목과 한지의 단아함 사이로 모던한 듯 섬세한 '形-11'과[10] 만났다. 재료의 물질적인 특성과 비정형적 형태를 표현한 작품으로, 금속

주10) 도태근 작가, 450×240×1400mm, Bronze

이라는 딱딱하고 무거운 소재를 마치 손으로 살짝 가볍게 구부려 놓은 듯한 형태를 보이며 주변 공간과의 조화를 시도한다. 추상적인 형태와 구상적인 형태로 투각 된 조각은 어떤 공간에 놓였을 때 작품의 안과 바깥 공간이 어울려 추상적이면서도 따뜻한 정감(情感)과 온기마저 느껴진다. 자연에서 찾은 재료의 형태와 질감은 감상자의 독특한 경험과 결합해 또 다른 생명력을 느끼게 하며 새롭게 다가온다.

절제된 단순미로 감동을 선사하며 하나의 기존 이미지로부터 전혀 새로운 형상을 연상시키는 느낌을 준다. 형상과 비형상이라는 대립된 구조들의 결합 그리고 질감의 대비를 통한 절제된 형태의 움직임이 어떻게 전환됐는지를 보여 준다. 기능화된 사물의 형상 위에 드로잉하여 쇠를 자르고, 접고, 붙이고, 두들겨 결합된 주조기법은 불특정한 각도로 휘어지지만, 원형의 곡선으로 이어져 기하학적이면서도 유기적인 입체를 만들어

낸다. 유일의 재료인 철의 물성으로 공간과 선, 면에 대하여 새로운 형상을 담은 메시지를 전달함과 동시에 물성과 공간해석에 대한 관계성, 절제된 조형적 감수성을 보여 준다. 이러한 시각적 움직임을 통하여 바람을 느낄 수 있고 공간 속 갈망하는 열정도 느낄 수 있다.

선인장이라는 자연물을 소재로 하여 아름다운 자연미를 조화 있게 표현하면서도 화면상에서의 세련된 미와 거친 질감 등을 더욱 돋보이게 나타내고 있다. '아기 선인장 친구들'은[11] 척박한 환경에서 생존하는 선인장에서 현대인과의 닮은꼴을 보게 한다. 선인장의 형태에서 흘러내리는 뿔은 외부로부터 억압받으며 자아의 정체성이 흔들릴 때마다 자신을 지키기 위한 수단으로 나타나는 뿔인지, 억압을 이겨내려 타인을 공격하기 위

주11) 홍종혁 작가, 23×20×40mm, 20×15×30mm, 스테인레스 스틸, 아크릴도장

한 가시인지 자신도 알지 못한 채, 흘러내리는 뿔, 즉 자아의 흐트러짐을 표현한다. 물질 경제에 의해 변방으로 내몰린 의식의 실체를 보고, 그 외적 풍요에 가려 오히려 더 팍팍해져만 가는 현대인의 삶의 질을 표현한다.

여기에 그 자체 유기적인 덩어리를 이루고 있는 선인장 고유의 메스를 거친 공간 안에 자연스럽게 노출한다.

'오아시스 선인장'은[12] 선인장 자체의 소재적인 특성을 재현하는 것에 덧붙여 일종의 의미를 파생시키는데, 주로 휴식이나 쉼의 계기를 마련해준다. 선인장 본래의 형태와 상황 논리를 가급적 유지하면서 순수하고 천진한, 그리고 동화적인 상상력을 매개로 팍팍한 살림살이와 현실원칙을 넘어서게 하는 힘과 유머를 감지케 한다. 무엇보다도 선인장 고유의 형태적 특정성에 주목하면서, 선인장 자체가 이미 일정 정도 추상적인 형태를 띠고 있어서 그 형태를 자의적으로 변형시키기보다는 될 수 있으면 형태 그대로를 충실히 옮겨 놓는 경우로 보인다.

주12) 홍종혁 작가, 공간 내 가변 설치, 스테인레스 스틸, 아크릴, LED, 흑자갈

자연을 품은 나의 집 만들기

4) 다양한 재료의 활용

미학적인 관점에서 다양한 재료들의 활용 가능성을 열어 두어야 한다. 보편적으로 정원에서 사용되는 전통 재료인 석재, 돌, 흙과 새로운 현대적 재료인 유리, 섬유, 플라스틱 등의 새로운 조합이 증가하는 추세이다.

하늘을 담은 듯 청량한 연못 속에 '연어가 되다'의[13] 작품이 힘차게 튀어 오르고 있다. 하늘 위로 높이 날아오르는 물고기는 답답한 도심에서 일상 탈출을 꿈꾸는 현대인을 형상화한 작품이다. 빛을 받으면 반짝거리는 영롱함과 비추어지는 모든 것을 받아들이는 투명함, 매력적인 플렉시 글라스의 청량함을 느낄 수 있다. 절제된 재료와 곡선의 형태로 표현된 작품으로 여린 듯 강력한 인상을 남긴다. 자연스런 움직임과 깨질듯한 유리로 만들어진 물고기는 살아 움직이는 생명력과 동시에 명상의 세계로 인도하는 고요함이 느껴진다.

주13) 이상진 작가, 60×40×50cm, PMMA(폴리 메탈 메칠 아크릴 에이터) 작업 후 고온에서 염색

5) 재료와 소재의 연출

오브제를 사용하는 것은 자연 정원에 구체적이며 구상적인 의미를 부여한다. 독특한 재료와 소재의 연출을 통해 주제와 의미의 전달이 중요하다. 다양한 재료들의 물성에 따른 독특한 의미를 고려하여 다양한 요소 간의 적절한 조합이 필요하다.

작지만 강인한 생명력, 뾰족한 가시와 단단한 껍질, 더없이 부드럽고 촉촉한 속살, 독특한 선인장의 이미지는 우리 내면의 숨은 욕망까지 건드린다. 바로 살아 있음, 살고 싶음이라는 본능과 생존의 욕망. 환한 꽃대를 달고 폭발하듯 새끼 치는 생명의 욕망. 그 하염없는 욕망을 질러놓고야 마는 작품 앞에서 잠시 다리가 멈춘다.

정원 속의 선인장은 한눈에도 그리 크지 않다. 화단 양쪽으로 꽃들을 아우르면서 가운데 우뚝 솟은 선인장이 예사롭지 않다. 중심성이 강한 구도가 자연 꽃들보다는 선인장에 주목하게 하고, 꽃들과의 유기적인 관계 속에서 선인장의 존재 의미를 묻게 한다. 이 선인장은 이런 상징적 의미와 함께 일정한 서정적 의미를 내포하고 있기도 하다. 정작 꽃보다 크게 웃자란 선인장이 현실보다 큰 이상을 상기시킨다. '빨강 토끼 선인장'과 '보라 토끼 선인장'은[14] 언제 어디서나 자연을 생각하고, 자연을 호흡할 수 있다면, 그곳에는 사랑이 그리고 희망의 존재를 알리는 메시지를 준다.

특히, 선인장의 끈질긴 생명력과 함께 강렬한 선인장의 꽃에서 느껴지는 생명력의 강인한 이미지를 스테인레스 스틸 위에 캔디 도장으로 마무리한다. 선인장의 거칠면서도 둔탁한 느낌을 부드러운 재질감과 질감을 자유롭게, 그리고 자신의 시각에서 강렬하게 표현하고자 하는 의지가 강하게 나타나는 작품이다.

주14) 홍종혁 작가, 23×20×40mm, 20×20×45mm, 스테인레스 스틸, 캔디도장

정적인 고여 있는 연못은 고요하고 안정된 느낌을 만들어 주지만, 물 표면에 반사되는 빛이나 떨어지는 물줄기에 따른 파장은 동적인 표현이 가능하다. 시간에 따라 투영되는 하늘과 주변의 실루엣이 새로운 추억의 모티브를 만들어 준다. 이른 새벽에 천창 유리에 요정의 작품이 만들어 진다. 수평공간의 흐르는 물은 다양한 움직임과 형태를 만들며 또 하나의 회화 작품이 만들어진다.

'물 위의 여유'는 부레와 수생 식물들의 떠다니는 모습을 표현한 작품이다. 자연적이든 인위적이든 표면의 움직임은 항상 신비로울 뿐이다. 떨어지는 물 주위로 흐르는 그리고 흩어지는 모습도 동적인 신비로움을 연출한다. 재료의 다원적 해석도 중요하지만 때로는 재료의 즉흥적인 연출도 필요하다. 바람에 따라 부드러운 선율의 움직임이며 시시각각 다른 변화의 모습을 보여 준다.

자연 정원 속에서, 다방면의 실험적인 노력으로 독창적 형태와 미적 감성의 아름다움이 만들어지고 있다. 주제 연출을 위한 소재와 재료의 연출이 다양한 시각적 체험을 만들어 주고 우리에게 내면의 심적 안정감과 감각적 즐거움을 만들어 주고 있다.

자연을 품은 나의 집 만들기

마치면서

자연 속 자연을 만들려고 하지 않는다. 자연으로 들어가는 공간이 아니라 자연이 부드럽게 다가오는 공간이다.

달음산 자락에 는개를 흩뿌리던 구름은 어느새 농토를 적시기 시작하고, 투명 지붕 아래로 새벽안개가 아물거린다. 들 언덕의 초록빛이 봄바람처럼 부드럽고 가뿐하게 언덕을 넘는다. 자연은 이토록 바지런히 봄을 새 공간에 담고 있다.

우뚝 솟은 달음산 자락 가운데 나지막한 기와가 숨을 쉬고 있다. 전통 한옥 기와와 옛 축사가 자연석 담장 둘레에 감싸여 살며시 고개를 들고 있다. 십 수년간 버려진 한옥으로 옛 기와와 처마. 낮은 천정과 하늘창. 빗바랜 기둥과 한지가 매우 인상적이다. 오랜 정취가 고스란히 묻어나는 전통 가옥에서 무색해진 한옥의 옛 정취를 엿본다.

자박자박... 잔디를 밟는 소리가 잔잔하게 울린다. 따사로운 햇살이 아담한 담장 주변으로 기와를 감싸고, 이른 아침 동백꽃 주변에 동박새가 나무사이를 파르르 날며 지저귄다. 시간이 쌓아 올린 풍경을 만끽하고 연못 주변 공간에 작은 평화로움이 찾아온다.

시간과 여러 사건들이 겹쳐져 먼 훗날 역사를 이루듯, 자연에도 시간과 무엇이 더해져 탄생한 것이 많다. 자연 속에서 만들어지는 것들은 결코 단시간에 나타나지 않는다.

개울이 모여 강을 이루고 나무가 빽빽하게 땅을 채우면 숲이 되듯이 자연 공간 안에는 항상 무엇이 만들어지고 있다. 그렇게 오랜 세월 꼼꼼히 다듬은 공간을 마주하게 되고 지나온 시간이 얽혀 멋진 무언가가 탄생할지도 모른다.

먼 훗날 돌아보았을 때 화려하지 않더라도 자연이 품어주는, 사람을 포근히 감싸주는 공간 속 삶의 이야기꽃이 함께하면 좋겠다.

작가 작품

육서호 (陆书豪) 작가 '수채화 1' 004p

육서호 (陆书豪) 작가 '수채화 2' 013p

육서호 (陆书豪) 작가 '수채화 3' 047p

육서호 (陆书豪) 작가 '수채화 4' 049p

육서호 (陆书豪) 작가 '수채화 5' 055p

육서호 (陆书豪) 작가 '수채화 6' 068p

육서호 (陆书豪) 작가 '수채화 7' 085p

서은경 'Blossom' 097p

육서호 (陆书豪) 작가 '수채화 8' 124p

육서호 (陆书豪) 작가 '수채화 9' 125p

육서호 (陆书豪) 작가 '수채화 10' 163p

육서호 (陆书豪) 작가 '수채화 11' 164p

육서호 (陆书豪) 작가 '수채화 12' 165p

육서호 (陆书豪) 작가 '수채화 13' 165p

육서호 (陆书豪) 작가 '수채화 14' 167p

육서호 (陆书豪) 작가 '수채화 15' 185p

육서호 (陆书豪) 작가 '수채화 16' 185p

육서호 (陆书豪) 작가 '수채화 17' 186p

자연을 품은 나의 집 만들기

육서호(陆书豪) 작가 '수채화 18' 189p

육서호(陆书豪) 작가 '수채화 19' 199p

육서호(陆书豪) 작가 '수채화 20' 204p

육서호(陆书豪) 작가 '수채화 21' 207p

육서호(陆书豪) 작가 '수채화 22' 207p

육서호(陆书豪) 작가 '수채화 23' 219p

육서호(陆书豪) 작가 '수채화 24' 232p

육서호(陆书豪) 작가 '수채화 25' 233p

육서호(陆书豪) 작가 '수채화 26' 243p

육서호 (陆书豪) 작가 '수채화 27' 243p   육서호 (陆书豪) 작가 '수채화 28' 243p   육서호 (陆书豪) 작가 '수채화 29' 251p

육서호 (陆书豪) 작가 '수채화 30' 252p   육서호 (陆书豪) 작가 '수채화 31' 253p   육서호 (陆书豪) 작가 '수채화 32' 254p

 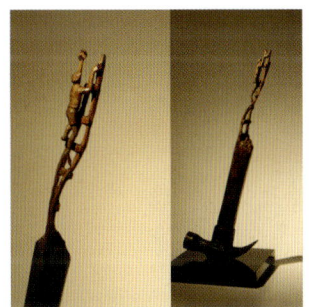 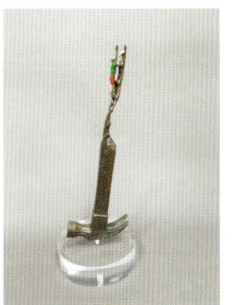

김용훈 작가 '부처핸섭' 256p   박주현 작가 '소년의 꿈 1' 259p   박주현 작가 '소년의 꿈 2' 259p

자연을 품은 나의 집 만들기

박주현 작가 '피아노' 259p

이상진 작가 '담벼락을 걷는 동네 고양이' 260p

도태근 작가 '形-11' 264p

홍종혁 작가 '아기 선인장친구들' 265p

홍종혁 작가 '오아시스 선인장' 266p

육서호(陆书豪) 작가 '수채화 33' 267p

육서호(陆书豪) 작가 '수채화 34' 268p

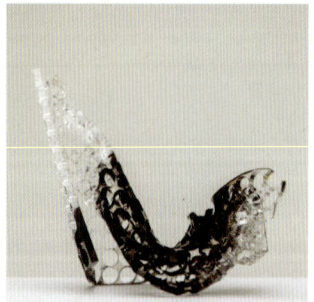
이상진 작가 '연어가 되다' 268p

홍종혁 작가 '보라 토끼 선인장' 269p

홍종혁 작가 '빨강 토끼 선인장' 269p

육서호 (陆书豪) 작가 '수채화 35' 269p

육서호 (陆书豪) 작가 '수채화 36' 273p

육서호 (陆书豪) 작가 '수채화 37' 275p

육서호 (陆书豪) 작가 '수채화 38' 287p

참고문헌

건축

- 주택의 공간계획을 위한 디자인 디테일, 혼마 이타루, 엠지에이치북스, 2015
- 도시는 무엇으로 사는가, 유현준, 을유문화사, 2015
- 집을 위한 인문학, 노은주, 임형남, 인물과 사상사, 2019
- 농지와 농지전용의 의미, 농지의 범위, 농지의 종류
  https://blog.naver.com/chu3sweet/222509482540
- 내가 원하는 명상센터 유리지붕
  https://m.cafe.daum.net/laonjenanuri/Ch35/2?q=%EC%9C%A0%EB%A6%AC%20%EC%A7%80%EB%B6%95&
- 벽체 시공
  https://cafe.daum.net/hallafactory/TEb4/15?q=%EC%83%8C%EB%93%9C%EC%9C%9C%84%EC%B9%98%ED%8C%90%EB%84%AC+%EB%8B%A8%EB%A9%B4%EB%8F%84&re=1
- 순천 주암면 집수리
  https://cafe.daum.net/sd8020/qm3Q/1?q=%EA%B8%B0%EC%99%80+%EA%B8%B0%EB%91%A5+%EC%95%84%EC%97%B0%EB%8F%

인테리어

- 인테리어 공정, 인테리어 공종별 공사, 시공순서
  https://blog.naver.com/hjkyever00/222525886065
- 집을 고치다
  https://brunch.co.kr/@sustainlife/104
- 중목구조 목조주택 내부 설비 공사 및 전기공사
  https://blog.naver.com/starcube777/222462981228

- 창문 시스템창호 설치 순서와 시공
  https://blog.naver.com/rvancuzkorea/222764858846
- 기린전기공사
  https://blog.naver.com/ch1224455/222850766979C

디자인

- 자연과 디자인, 최승복, 기문당, 2021년
- 코코 샤넬과 피카소의 공통점은 '기하학' geometry
  https://amc81012.blogspot.com/2019/11/blog-post.html
- 바람에 움직이는 회화 한 점 '모빌'
  https://blog.naver.com/gonggan_erum/222647265902

조경

- 주택 조경 디자인, 주택문화사, 2017년
- 젊은 정원사가 말하는 정원 일의 기쁨과 슬픔
  https://news.v.daum.net/v/20201112060006642
- 석축시공
  https://blog.naver.com/karan27n/221638776540
- 화산석 붙임시공
  https://blog.naver.com/smh188/222419632608
- 벤토나이트 시공
  www.dkbentonite.com
- 정원가꾸기를 예쁘게 만들어주는 음지식물과반음지식물
  https://blog.naver.com/62nironm/222755336916

- 연간 꽃피는 시기 정리표, 설란, 노뤼귀, 백합, 크로커스 히야신스 장에서 사오다.
  https://blog.naver.com/PostView.nhn?blogId=orphan70&logNo=221473637476
- 전원인의 꿈, 연못의 준비방법
  http://www.ctnews.kr/article.php?aid=1649898376320089126
- 자연을 담은 주택 정원, 진경산수 眞景山水
  https://news.v.daum.net/v/20190831103002786?f=o
- 벚나무
  https://bcb0614.tistory.com/810
- 조경석 쌓기
  https://blog.naver.com/purunland/221384042728
- 잔디 심는방법
  https://asgi2.tistory.com/18353130
- 장윤환! 내가 생각하는 조경은...
  https://gogoc.tistory.com/11
- 겨울 찬바람에 더욱 아름다워지는 남천 이야기!
  https://daejeon-story.tistory.com/2569
- 오래된 마을 담장 뭐 볼 게 있냐고요?
  https://www.ohmynews.com/NWS_Web/View/at_pg.aspx?CNTN_CD=A0002176228

정원

- 정원의 역사, 자크 부누아 메상, 도서출판 르네상스, 2005
- 쇼몽가든 페스티벌과 정원 디자인, 권진욱, 나무도시, 2006
- 자연에서 배우는 정원, 김봉찬, 도서출판 한숲, 2017

자연을 품은 나의 집 만들기
자연과 하나가 되다

인쇄 | 1쇄 2023년 07월 10일
발행 | 1쇄 2023년 07월 15일

지은이 | 최승복
펴낸이 | 강정민
진행 | 강무원
표지디자인 | 신채원
편집 | 최성준
마케팅 | 강홍구
인쇄제작 | ㈜갑우문화사
펴낸곳 | 다니북스
등록번호 | 제2021-000014호
전화 | 02) 6409-5328
팩스 | 02) 2691-0091
ISBN | 979-11-980076-3-6

정가 30,000원

이 책에 실린 글과 이미지의 무단전재 및 복제를 금합니다.
이 책 내용의 전부 또는 일부를 재사용하려면
반드시 저자와 출판사의 동의를 받아야 합니다.

파본은 구입처에서 교환해 드립니다.

검인생략